国防科技大学惯性技术实验室优秀博士学位论文丛书

基于导航拓扑图的仿生导航方法研究

Research on Topological Map Based Bio-inspired Navigation

范　晨　　胡小平　　张礼廉　　著

何晓峰　　练军想　　先治文

U0376631

国防工业出版社

·北京·

内 容 简 介

本书面向地面与空中无人作战平台的自主导航需求,借鉴哺乳动物大脑海马区的建图与识别机理及昆虫复眼敏感偏振光定向机理,从仿生机理和导航机制两方面,重点研究了导航拓扑图的构建方法、拓扑节点识别与匹配定位方法、多目偏振视觉/惯性组合定向方法和基于拓扑图的节点递推导航算法等关键理论方法,并设计了车载实验和遥感地图飞行实验,验证了所提出方法的正确性和有效性。

本书对从事仿生导航与多传感器组合导航研究的科研技术人员具有重要参考价值,也可作为高等学校自主导航相关专业的研究生教材。

图书在版编目(CIP)数据

基于导航拓扑图的仿生导航方法研究/范晨等著 . —北京:国防工业出版社,2020. 5

ISBN 978-7-118-12039-4

Ⅰ. ①基… Ⅱ. ①范… Ⅲ. ①仿生–导航–研究 Ⅳ. ①TN96

中国版本图书馆 CIP 数据核字(2020)第 031282 号

※

*国防工业出版社*出版发行

(北京市海淀区紫竹院南路 23 号 邮政编码 100048)

北京龙世杰印刷有限公司印刷

新华书店经售

*

开本 710×1000 1/16 印张 11 字数 190 千字

2020 年 5 月第 1 版第 1 次印刷 印数 1—1500 册 定价 85.00 元

(本书如有印装错误,我社负责调换)

国防书店: (010)88540777	发行邮购: (010)88540776
发行传真: (010)88540755	发行业务: (010)88540717

国防科技大学惯性技术实验室
优秀博士学位论文丛书
编 委 会 名 单

序

大学之道,在明明德,在亲民,在止于至善。

——《大学》

国防科技大学惯性导航技术实验室,长期从事惯性导航系统、卫星导航技术、重力仪技术及相关领域的人才培养和科学研究工作。实验室在惯性导航系统技术与应用研究上取得显著成绩,先后研制我国第一套激光陀螺定位定向系统、第一台激光陀螺罗经系统、第一套捷联式航空重力仪,在国内率先将激光陀螺定位定向系统用于现役装备改造,首次验证了水下地磁导航技术的可行性,服务于空中、地面、水面和水下等各种平台,有力地支撑了我军装备现代化建设。在持续的技术创新中,实验室一直致力于教育教学和人才培养工作,注重培养从事导航系统分析、设计、研制、测试、维护及综合应用等工作的工程技术人才,毕业的研究生绝大多数战斗于国防科技事业第一线,为"强军兴国"贡献着一己之力。尤其是,培养的一批高水平博士研究生有力地支持了我军信息化装备建设对高层次人才的需求。

博士,是大学教育中的最高层次。而高水平博士学位论文,不仅是全面展现博士研究生创新研究工作最翔实、最直接的资料,也代表着国内相关研究领域的最新水平。近年来,国防科技大学研究生院为了确保博士学位论文的质量,采取了一系列措施,对学位论文评审、答辩的各个环节进行严格把关,有力地保证了博士学位论文的质量。为了展现惯性导航技术实验室博士研究生的创新研究成果,实验室在已授予学位的数十本博士学位论文中,遴选出 12 本具有代表性的优秀博士论文,结集出版,以飨读者。

结集出版的目的有三:其一,不揣浅陋。此次以专著形式出版,是为了尽可能扩大实验室的学术影响,增加学术成果的交流范围,将国防科技大学惯性导航技术实验室的研究成果,以一种"新"的面貌展现在同行面前,希望更多的同仁们和后来者,能够从这套丛书中获得一些启发和借鉴,那将是作者和编辑都倍感欣慰的事。其二,不宁唯是。以此次出版为契机,作者们也对原来的学位论文内容进行诸多修订和补充,特别是针对一些早期不太确定的研究成果,结合近几年的最新研究进展,又进行了必要的修改,使著作更加严谨、客观。其三,不关毁誉,唯求科学与真实。出版之后,诚挚欢迎业内外专家指正、赐教,以便于我们在后续的研究工作中,能够做得更好。

在此,一并感谢各位编委以及国防工业出版社的大力支持!

吴美平

2015 年 10 月 9 日于长沙

前　言

目前，惯性与卫星组合导航作为无人作战平台的主要导航手段，在卫星信号受到严重干扰或拒止时，导航系统误差将随时间增长而快速积累，甚至会导致系统面临"失效"的风险，因此，高精度自主导航就成为了无人作战平台亟待解决的关键技术之一。仿生导航已成为导航技术研究领域的热点，有望为复杂环境下无人作战平台的高精度、长航时自主导航提供了一种全新的技术方案。

本书以地面和空中无人作战平台为应用背景，借鉴哺乳动物大脑海马区的建图与识别机理及昆虫复眼敏感偏振光定向机理，重点研究了基于网格细胞特性的导航拓扑图构建方法、基于多尺度的拓扑节点识别与匹配定位方法、多目偏振视觉/惯性组合定向方法以及基于拓扑图的节点递推导航算法等内容，并通过车载实验和遥感地图飞行实验对所提出的技术方案和仿生导航方法的可行性进行验证。主要研究工作与成果总结如下：

（1）在深入分析哺乳动物大脑海马区网格细胞激活特性与空间表达结构的基础上，分别面向地面与空中无人作战平台，提出了一种基于网格细胞特性的导航拓扑图构建方法；根据平台的运动状态和导航系统精度，给出确定拓扑节点位置和空间尺度的边界约束条件。与现有的导航拓扑图相比，所构建的拓扑图具有多尺度的双层复合结构，能够更有效地表达和度量运动空间。

（2）提出了一种基于多尺度的拓扑节点识别算法。针对欧几里得空间内节点场景特征可区分性较弱的问题，研究了基于 LMNN 的特征识别空间重构算法，增强了节点特征分布的可区分性，更利于识别；结合地面与空中无人作战平台的导航拓扑图，分别提出了基于自适应多尺度和基于多尺度序列图像匹配的拓扑节点识别算法，与现有识别算法相比，可显著提高节点识别的正确率；给出了一种改进的节点特征匹配定位算法，将 PnP 问题求唯一解所需的最少匹配点数减至 2 个，降低了算法复杂度，增强了实用性。

（3）研究了多目偏振视觉航向传感器的标定与定向算法。提出了一种基于 L-M 的多目偏振视觉航向传感器标定方法，可有效提高传感器的测量精度；提出了一种基于偏振度梯度（GDOP）的偏振图像噪声抑制方法，能够有效地抑制天空遮挡障碍对定向精度的影响;提出了一种基于全局最小二乘的多目偏振视觉/惯性组合定向算法,并给出了偏振光定向模糊度的求解方法,设计车载实验验证了该算法的有效性。

(4) 提出了一种基于拓扑图的节点递推导航算法。该算法以导航拓扑图为基础,根据系统的器件精度,自动地建立合适的拓扑节点,通过拓扑节点识别与匹配定位所获取的位置观测,以及多目偏振视觉航向传感器所提供的航向观测为约束条件,将惯性信息与偏振光航向信息进行融合,可有效补偿导航系统的累积误差。车载实验与遥感地图飞行实验验证结果表明:该算法能够显著提高导航系统的定位定向精度,即便在运行过程中位置观测信息有较大"跳变"的情况下,系统的定位定向误差依然收敛在一定范围内,证明了该方法的有效性和可用性。

作者
2019 年 8 月

目　录

第1章 绪 论

1.1 仿生导航的研究背景和意义

随着军事科技水平的不断提高,无人作战平台(如地面无人作战车和空中无人作战飞机)以其自主性强、隐身性好、环境适应能力强、便于协同等技术优势,能够较好地执行侦察监视、防空压制、后勤支援和精确打击等战斗任务,正加速向主战装备发展[1,2]。近几次局部战争表明,无人作战平台已成为各军事强国进行军事博弈常用的新型威慑手段。

导航系统作为地面与空中无人作战平台的核心部件,是其顺利完成作战任务的重要保障[3]。惯性导航是常用的自主导航技术手段之一,具有动态适应性强、抗干扰性强等优势,在无人作战平台中得到广泛使用。但存在有高成本、导航误差会随时间而积累的劣势[4],特别对于使用微惯性器件的微小型无人机,单独利用惯性导航无法满足高精度的导航需求,需要其他导航手段的辅助。因此,目前无人作战平台主要采用惯性/卫星组合的方式进行导航。随着"导航战"的发展,卫星信号干扰技术已经非常成熟,而且得到了广泛使用,从而导致"惯性+卫星"组合导航系统面临失效的巨大风险。2011年底,美国一架RQ-170隐身无人机被伊朗截获,各国技术人员分析认为主要是由于无人机的卫星接收机受到宽频谱电子干扰和GPS欺骗干扰所致,这个案例说明无人作战平台若过分依赖卫星导航技术,在复杂战场环境中将面临丧失战斗力的巨大风险。

高精度自主导航是长航时无人作战平台亟待突破的瓶颈技术之一。大自然生物具有多种多样且超强的导航能力,例如,信鸽能够从数百千米远的陌生地顺利返回巢穴;希腊海龟可从觅食地回溯至1600km远的希腊海滩进行繁殖;北极燕鸥往返于南北两极,飞行里程超过5万km。基于大自然生物系统的仿生传感技术,为探索发展新的导航技术提供了启示,近年来,仿生导航技术已成为多学科交叉的研究热点。2014年的诺贝尔生理学和医学奖John O'Keeffe、May-britt Moser 和 Edvard Moser 的获奖成果就是在哺乳类动物大脑中,发现了构成大脑定位系统的位置细胞和网格细胞[5-7]。这一成就既为进一步揭开动物大脑导航机理提供了有力支撑,也极大促进了仿生导航技术的研究和发展。利用视觉传感器,许多学者已开始探索基于大脑网格细胞与位置细胞定位机理的仿生导航新方法[8-10]。与此同时,借助微纳加工技术与微电子一体化集成技术,仿生导航技术也促进着新型仿生导航器件的研制,例如,模拟昆虫复眼结构的偏振光航向传感器[11,12]。因此,可以预测,仿生导航不仅会开辟导航理论与方法研究的新领域,也将成为提高无人作战平台导航系统自主性和实现智能化导航的有效途径之一。

本书以地面和空中无人作战平台为应用对象,综合利用微惯性信息、仿生偏振光信息、视觉信息以及导航经验知识,借鉴大自然哺乳动物的导航机制,研究基于导航拓扑图的仿生导航方法,以解决卫星拒止情况下无人作战平台的自主导航问题,提升其在复杂战场环境中的作战能力。研究工作具有重要的理论意义和应用价值。

1.2 国内外仿生导航的研究现状

▶ 1.2.1 仿生导航方法

仿生导航属于新型现代导航领域,具有很强的学科交叉性,主要涉及导航学、仿生学、生物细胞学、信息学和动物行为学等学科,是当前导航领域的研究前沿和热点问题。国外研究机构高度重视该技术方向研究,主要集中在研究哺乳动物大脑海马区导航定位细胞及作用机理和仿生导航模型等方面,并取得了阶段性的研究成果,为进一步研究仿生导航技术提供了理论支持。

近年来,对于啮齿类动物的研究是人们探索动物导航行为的热点之一,其中海马体(Hippocampus)成为了研究的重点。海马体被认为是大脑学习和记忆的重要区域。1971年,美国科学家John O'Keefe在研究鼠类导航时发现,当小白鼠在运动过程中,海马体中的一类神经细胞会随着运动区域的变化而呈明显的激活状态,这些与位置相关的激活细胞被称为位置细胞(Place Cell)[5,6]。1984年,大脑中负责方向的方向细胞(Head Direction Cell)被Ranck[13]发现,随后他的学生Taube在1990年发表了相关论文[14,15]。研究表明,当动物的头朝向某个方向时,一些方向细胞被激活,并且一直维持同样的状态,直到动物把头转向另一个方向[16]。2005年,瑞典科学家夫妇Edvard Moser和May-Britt Moser发现了大脑定位机制中另一个关键的组成部分[17],即网格细胞"Grid Cell"。该细胞能够在特定位置的外部环境下触发,并呈现均匀的、有规则的六边形网格状响应结构,具有离散化、多尺度和重叠性的特点[18]。以在大脑中映射形成对外部环境的拓扑网格地图,从而让精确定位与路径搜索成为可能。这些与导航相关的神经细胞共同组成了动物大脑内的"GPS",美国科学家 O'Keefe 和瑞典科学家 Moser 夫妇也因发现位置细胞和网格细胞而获得了 2014 年诺贝尔生理学或医学奖[19]。

受哺乳动物大脑海马区导航定位细胞及其作用机理的启发,澳大利亚的 Milford 等利用视觉传感器模拟鼠类感知环境的机制而提出了 RatSLAM 算法[10,20],该算法使用连续吸引子神经网络 CAN 对位置细胞与方向细胞的激活状态进行建模,结合视觉图像得到自身的旋转与速度信息,较好地实现了对外部环境的定位与识别,并成功在城市环境中进行了 66km 的实时构图与定位车载实验[21]。与传统基于概率统计的视觉导航方法相比,RatSLAM 算法不需要精确的环境描述,具有计算实时性高、环境适应性强等优势,但算法仅利用了视觉特征 Scanline Intensity Profile 估算载体的速度和转向,由于此视觉特征对环境的描述能力有限,且对图像的旋转和缩放等变换较为敏感,因此算法需要大量的闭环才能实现较为准确的构图与定位结果。

网格细胞的生物激活特性与动物导航行为密切相关,借鉴其离散的、多尺度的表达结构有助于构建更加准确的仿生导航模型。2012 年,Kubie 等提出了基于线型预测模型的路径规划与导航方法[22],通过使用相邻网格细胞间的相位偏移量来表征相似的方位信息,实现了长距离、多尺度的自主导航。2014 年,Erdem 等根据网格细胞的多空间尺度特性,提出了 HiLAM 的仿生导航模型[23]。该模型利用不同距离尺度的探测器,在不同方向上进行检测,获取目标所处的大致方位后,再选择在一个更加精细的空间尺度上进行目标方位的精确探测,从而确定前往目标的最佳路径。该模型的缺点是没有考虑环境中的障碍物以及运动边界。

上述仿生模型主要利用了视觉信息,而研究表明动物具有较强的环境感知能力,能够感知并利用偏振光、地磁场、距离、以及经验知识等信息进行导航。1999 年,Roy 等设计了基于相机/激光雷达组合的仿生导航系统[24],通过测量运动环境的图像信息和距离信息,使得载体的最大导航误差概率最小,从而实现自主导航。2000 年,Lambrinos 等将沙漠蚂蚁的导航策略应用的地面机器人导航中,建立了基于偏振敏感神经元的仿生导航模型[11],通过三个不同方向的偏振敏感神经元模型传感器测量载体的方位信息,结合轮式里程计实现航位推算。2008 年,F. Dayoub 等面向地面机器人,提出了一种基于人脑记忆机制的导航方法[25],通过提前获取外部运动环境的图像外观特征,再对比当前图像与之前提取特征来获取载体的位置,并且实时更新固定区域所对应的图像特征,使得该区域的离线图像总是能够充分描述实际环境。2012 年,Furgale 等通过训练,将离线信息进行经验化表达,然后通过在线比对,对导航路径进行规划和评估,采用拓扑空间与几何空间相结合的策略,实现机器人的远距离导航[26]。2013 年,Steckel 等借鉴蝙蝠的导航机理,提出了基于声纳的 BatSLAM 仿生导航算法[27],将声纳传感器安装在机器人上,使其感知周围运动环境,仿照蝙蝠的导航本领,以实现对外部空间的构图与定位。

在仿生导航技术应用方面,国外军方,特别是美军已开始尝试将部分研究成果应用于无人机等装备,开展了原理验证和实验测试。2004 年,美国 NASA 的 S. Thakoor 等研究了偏振导航在未来火星探测中的应用方案[28]。2015 年,美国国防部高级研究计划局(DARPA)正式启动 FLA(Fast Lightweight Autonomy)项目[29]。该项目通过研究鸟和飞行昆虫机动能力的仿生机能,力图使小型及微型无人机系统能够在强干扰环境中,在没有 GPS 导航和通信链路支持的条件下,具备自主飞行能力。总之,仿生导航已成为导航领域发展的新方向,技术研究进展迅速,而且国外军方已积极跟踪与关注该方面研究,部分成果开始转入无人机等应用领域,但相比于动物导航能力还有一定差距,具有较大提升空间。

1.2.2 导航拓扑图的构建方法

自然界中一些动物通过获取经验知识形成运动环境认知地图,从而引导其进行导航活动。例如,动物行为学家在对信鸽返巢的研究中发现:幼年信鸽主要沿离巢时的飞行路径返巢,而随着时间增长,信鸽不断熟悉运动环境和积累经验知识,逐渐形成导航认知图,当从陌生环境中返巢时,能够经过一些熟悉的地标且一直朝着巢穴方向飞行[30]。生物学家在对啮齿类动物(老鼠)导航机理的研究中也发现:在陌生环境进行导航相关活动时,老鼠大脑海马区内嗅皮层中的一些神经细胞会随运动位置变化而呈现出网格状激活态(即网格细胞),并且当老鼠再次运动至相同位置时,该细胞会再次激活,并指引其进行觅食和回穴等活动[31]。

运动环境的认知地图是动物进行导航活动的基础,抽象至实际的应用场景,即对应为导航拓扑图。目前,导航拓扑图的研究主要集中在地面环境中无人平台的导航与路径规划方面,学者们在构建方法与实际应用做了许多研究工作[32,33]。

从运动环境表达结构与信息可用性方面讲,常用导航图可分为三类[34]:拓扑图(Topological Map)、网格图(Grid - based Map)和特征图(Feature - based Map)。拓扑图通过节点管理信息,表达结构简单,适合处理运动范围较广的环境,能够存储多源异质信息,但存在定位不准确(仅能确定至节点位置)与各节点的可区分性较弱的缺点。网格图是将环境分散为若干网格状区域,适用于处理非结构化环境,表达结构的分辨率较高,能够提供准确的定位信息,但存储量较大,需要较大的计算量实现在线更新。特征图通过提取具有明显特征的地标来构图,缺点是不能剔除非结构化的障碍物。对于网格图和特征图,其构图的复杂度均会随环境范围变大而快速增长。

2001 年,Choset 等利用声纳等距离传感器构建了一种基于 GVG(Generalized Voronoi Graph)的拓扑图,用于实现室内机器人的导航定位[35]。该方法根据运动障碍物之间的距离函数确定节点,将与三个或以上障碍物距离相等的交汇点,或者将两个障碍物之间的距离为零(如墙角)的边界点作为节点,节点间的连通路径为边,在已知与未知结构环境中均实现了同步建图与定位。文章指出该拓扑图建立在对障碍物测距的基础上,拓扑图的结构易受外界因素影响,例如,当障碍物的距离超过传感器的测距范围、环境中的障碍物位置发生变化或传感器的测距误差均会导致其结构发生变化。在此基础上,2005 年,Lisien 等提出了一种分层导航图的构建方法,用于机器人的运动估计和路径规划[34]。该导航图包括拓扑层和特征层,拓扑层将运动环境分为多个子区域节点,根据节点区域内障碍物和节点之间的连通边进行路径规划,各子区域用精细的特征图表达,利于进行准确的运动估计。

2000 年,Gaspar 等提出了一种基于全景图像的导航拓扑图构建方法[36]。该方法先利用全景相机获取室内场景图像,然后离线选取具有明显运动标识的场景作为节点,如楼道、拐角、门口等,节点间图像序列作为边,通过匹配、跟踪图像序列中运动标识特征,从而实现导航。文章指出,由于不需要图像及其特征点的位置信息,该方法适用于远距离、大范围结构化运动环境的构图,具体可选取图像中的地标性建筑作为拓扑节点。

2005 年,Zivkovic 等针对室内移动机器人的导航问题,提出了一种基于视觉标识与几何约束的导航拓扑图构建方法[37,38]。该方法首先利用全景相机对室内环境进行连续采样;然后提取采样图像的 SIFT 特征[39]确定标识点,并通过匹配相邻图像间的特征点与几何约束关系建立连通边;最后根据采样图像的特征相似程度建立节点。由于在该拓扑图中,采用了多张连续且相似的全景图像表达环境,在光照、视角等外界因素变化时,拓扑结构能够依然保持稳定,具有较强的鲁棒性。

2004 年,Badino 等提出了一种无人车离线拓扑图构建方法。该方法利用单目相机获取环境的图像信息,以及同步的位置信息,根据固定位置间隔选取对应的图像建立节点及连通边。由于该方法仅依靠固定位置间隔建立图像节点,运算量较小,比较适用于长航时、远距离的运动环境。

此外,场景语义也是构建导航拓扑图的关键信息。2011 年,Angeli 等设计了基于视觉词语袋的拓扑图构建方法,通过对场景图像中的视觉词语进行统计,根据分布概率建立节点,具有在线更新和完善拓扑图的功能[40]。2017 年,Rangeld 等利用卷积神经网络(Convolutional Neural Network,CNN)对所有场景图像训练得到实时照片的语义描述算子,每个语义描述算子表示图像属于某种语义场景的概率,按照语义描述算子的相似程度而构建拓扑图[41]。

总之,目前常用的导航拓扑图构建方法主要以图像特征、位置和语义等数据为驱动,侧重于对运动环境结构的表达,忽略了对运动空间度量;并且目前方法主要面向地面运动环境应用,而构建面向空中运动环境的导航拓扑图是需要重点研究的内容。

▶ 1.2.3　节点位置识别方法

在信鸽、蜜蜂等动物的返巢或觅食过程中,尽管每次路线有所不同,但都会经过一些相同区域,通过标记和识别这些区域从而确定正确的运动路线[42,43]。若将具有运动标识作用的区域连接起来,就会形成用于导航的拓扑图,其中的标记点就是拓扑节点,动物正是通过识别这些节点来对其导航路线进行位置约束。抽象地说,节点识别就是通过当前的运功环境信息确定自身位置的过程。在视觉导航中,节点识别也用于机器导航同步定位与建图(Simultaneous Localization And Mapping,SLAM)中的闭环检测,以修正导航系统的累积误差[44-46]。

运动环境的有效描述是决定正确识别的关键因素之一,而视觉图像是进行识别的最直接信息源[47]。常用的视觉图像描述方法有两种:基于数学模型和基于机器学习的图像特征。在基于数学模型的图像特征提取方法中,一般先对图像进行数值化表达,然后根据一定的数学统计模型与提取规则,提取出整幅图像的特征或图像场景中最具代表性的点、线特征,对应的有全局特征描述算子如 GIST[48]、WI-SURF[49] 和灰度特征[50] 等,以及局部特征描述算子如 SIFT[39]、SURF[51] 和 Harris 角点[52] 等。全局特征侧重于整体描述,计算效率高,图像检索匹配效率高,但对光线条件和遮挡较为敏感;局部特征利于图像的精细化描述,并且对图像的平移、旋转等变化不敏感,鲁棒性强,但精细化的描述会包含较多的特征点,从而会影响识别效率。基于机器学习的特征提取方法是通过对大量图像集的训练学习,能够自动提取出稳定性高的特征,在特征维数与场景可描述性方面有较大优势,在拓扑节点识别方面具有较大研究潜力。Rangel 等利用深度学习训练出具有办公室、厨房、通道等具有语义的抽象特征,并在室内环境通过对语义场景识别而实现导航[41]。Niko 等利用卷积神经网络

(Convolutional Netural Networks，CNN)通过训练得到了图像的全局特征，并分析了不同网络层所提取特征对环境和视角变化的鲁棒性，认为在中间网络层能够提取出有效克服外部环境和视角变化的图像特征，在高层网络可提取出场景语义特征[53,54]。随后，Chen 利用两个卷积神经网络对不同条件下场景图像进行训练并按照不同空间尺度进行编码，得到了对季节、视角不变的特征描述，成功实现了室外 70km 环境中场景位置识别[55]。

节点特征信息的处理与识别机制也是节点识别的重要研究内容。2008 年，Paul Newman 等利用环境图像的 SIFT 特征提出了基于词典库(Bag-of-words)的 FAB-MAP 算法[56]，该算法将相似的 SIFT 特征归为一类，构成不同的特征描述词语，能够避免单点特征受外界环境变化的影响；在识别的过程中，通过统计两幅对比图像中共有特征词语概率实现场景识别，有效地提高识别效率和正确率。随后该研究组对算法进行了改进，提出了 FABMAP2.0，并成功在室外1000km 的环境中实现了在线识别[57]。主要改进有两方面：一是引入场景位置信息，使得特征词库的分类更加合理；二是改进概率模型，提高场景识别的匹配搜索效率，并能够在线更新词典库。

受哺乳动物大脑海马区定位细胞作用机理的启示，Milford 等提出了基于位置细胞作用机理的仿生场景识别与定位算法 RatSLAM[10]。该算法利用神经网络模型 CAN，模拟位置细胞的激活状态，根据连续场景的识别结果，通过叠加细胞的激活程度，当大于一定阈值时才判断正确识别。随后，针对场景图像易受光照、天气、视角的影响，Milford 提出了 SeqSLAM 算法[58]，该算法采用连续的图像序列，与样本图像集进行对比，按照线性搜索的方式，确定最优的识别结果，显著地提高在恶劣环境中的场景识别正确率。由于在匹配搜索过程中，需按照图像序列的时间进行线性搜索，所以在匀速运动条件下能够获取较好的识别效果。2016 年，James 等在 SeqSLAM 的基础上，使用匹配图将其扩展至二维环境，并在光线变化较大的室内环境中取得了正确率较高的识别结果[59]。

在啮齿类动物进行环境认知时，海马区的网格细胞呈现离散的、多尺度的重叠激活状态[18]，其中网格细胞的多尺度激活态所编码的外部空间环境从几十平方厘米到十几平方米，并且理论上已经证明网格细胞的多尺度结构能够更好地进行大范围运动环境的构图和识别[60,61]。2015 年，Chen 等提出了一种多尺度仿生场景识别算法[62,63]，利用多个不同长度的图像序列，模拟网格细胞编码空间的多空间尺度，采用 Coarse-to-Fine 的匹配策略，结合多尺度序列匹配值结果确定最终的识别结果，室外实验结果表明，与 FAB-MAP、SeqSLAM 算法相比，多尺度算法能够显著地提高场景识别的正确率。

研究表明，网格细胞的激活多尺度是同质可分的，即多个尺度受相同外界因素的影响,并且仅在大小上有所区别[18]。虽然 Chen 首次定量的证明同质多尺度算法能够在复杂环境中有效提高场景识别的正确率,然而算法中尺度的个数和大小是由人为固定的,忽略了识别尺度所表达环境图像间的相似性。目前,尽管生物学研究并未探明网格细胞激活多尺度是固定的还是自适应的,但由运动环境的相似程度而自动确定的识别尺度是否能够提高节点识别性能是值得进行预先研究的问题[64],而此点也是需要研究的重点和难点。

▶ 1.2.4 大气偏振光定向技术

太阳光经大气散射而产生的偏振光是天然的导航信息源,自然界许多动物能够感知大气偏振光而进行定向。例如,沙漠蚂蚁能够使用偏振定向而觅食返巢,在沙漠环境中既无地标参考,气味也很难存在,而这种蚂蚁可在距离巢穴数百米外觅食,发现合适猎物后沿直线准确返回巢穴[65,66],蜜蜂在采集花粉中可利用紫外偏振光进行定向[67]。此外,许多两栖动物、鱼类等可感知太阳光在水下散射所形成的偏振态进行定向与导航活动[68,69],乌龟甚至能够使用较弱的月光偏振光进行导航[70]。

1808 年,Malus 首次发现了光的偏振现象[71],偏振度和偏振角是描述偏振光的两个重要参数,分别表示光的偏振程度和光的振动方向[72-75]。随后,研究者对大气中太阳光的偏振模式进行了大量实验[76],基本验证了大气偏振模式的客观存在性,并具有特定的分布规律,即在不同的地点或时段,偏振度和偏振方向各部相同,而在同一时段、同一地点,观测的大气偏振度和偏振方向具有很好的重复性,此种分布规律也被称为"天空指纹"[77]。Winner 等基于 Rayleigh 散射定律,将天空偏振模式简化为入射自然光在天球表面的多次单点 Rayleigh 散射过程,构建了一种标准大气偏振模型[78],为进行偏振光的定向研究提供了理论基础。随后,相关学者对北极地区天空偏振模式的测量,验证了实际的大气偏振模式分布与 Rayleigh 散射模型得到的大气偏振模式相似,且具有相同的变化规律[79]。

准确描述天空偏振模式是进行偏振光定向的基础[80,81],借鉴动物敏感偏振光的特殊视觉结构和功能特性是实现准确的偏振光测量与定向的有效途径。生物学研究表明,昆虫复眼是其敏感天空偏振光的主要视觉器官,在复眼背部环状区域中,存在敏感偏振光的神经元(Polarization-sensitive Neurons),正是所有 POL-神经元共同作用,能够保证检测到不同亮度的偏振光,即使在光线变化的复杂环境中,仍能保持偏振光定向能力[82,83]。1996 年,Labhart 等借鉴蟋蟀的复眼结构,提出了偏振光敏感神经元模型[84]。在此基础上,Lambrinos 等研制了利用光电二极管,研制了基于 POL 神经元的光电型偏振光传感器[85]。该传感器有三个测量通道,每个通道由一对呈正交的偏振敏感单元组成,与复眼中神经元的正交排列相对应,具有结构简单、光强响应带宽高等优势,有利于进行长时间测量,能够实现有限天空区域的偏振点测量。然而,一旦测量点受遮挡或干扰,就会导致严重的测量误差。

随着传感器技术和计算机图像技术的发展,基于图像的偏振光传感器逐渐成为研究热点,对应的结构也更加接近于生物复眼的偏振光敏感结构。1997年,Wolff 等采用鱼眼镜头、线偏振片和 CCD 相机,设计了单目偏振相机,通过手动旋转线偏振片的方向,首次实现了天空偏振的图像测量[86,87]。2000 年 J. Gal 等研制了基于图像感光阵列的全天域偏振成像检测装置[79]。2004 年,德国学者 J. Duparre 等制作了基于微透镜的阵列式偏振光检测仪器,结构上更接近于昆虫复眼的偏振光检测结构[17,88]。2014 年,Sarkar 等通过微纳米加工技术,将偏振片直接集成在 CMOS 感光阵列上(128×128 像素),初步实现了偏振光传感器的一体化集成[89,90]。与点测量的偏振光传感器相比,基于图像的偏振光传感器测量区域比较大,能够实现全天域的偏振测量,具有环境适应性强、测量准确的优势,比较适用于复杂天气或环境中的偏振光定向研究。此外,有学者将偏振片与光场相机相结合,仅利用单个镜头就能够获取图像景深信息和偏振光信息[91]。

与传统的惯性、卫星等定向方法相比,偏振光定向具有抗干扰性强、鲁棒性高、误差无积累的优势[92],适用于无人作战平台高精度长航时的自主导航需求,也一直是偏振光导航领域的研究热点。

1999 年,Lambrinos 等基于所研制的基于 POL 神经元的偏振光传感器,模仿沙蚁的导航策略,成功地应用于机器人 Sahabot 的地面自主导航中[11,85],由于天空偏振态关于太阳子午线对称分布,存在 180°的定向模糊度,为解决该问题,Lambrinos 采用了 8 个不同方向的光强敏感器,通过判别太阳方向消除模糊度。经校正模糊度后,定向误差为 1.5°左右。随后,Chu 等改进了此种偏振光传感器,增加了光强检测单元,并提出了一种新的定向方法[12,93],室外实验的航向角精度优于 0.5°。2004 年,美国 NASA 研究了用于火星航空探测的偏振光辅助视觉导航,以应对火星多磁极、低重力以及无线电导航困难的情况[28]。2012 年,Chahl 等根据蜻蜓复眼的偏振光敏感机制,设计了类似的基于光电二极管的偏振光传感器,在对二极管电压零偏与刻度因子标定后,进行了机载实验,结果表明偏振光的定向精度与磁罗盘的定向精度基本一致[94,95]。

近年来,研究利用偏振图像进行定向主要集中在通过提取太阳子午线以获取方向信息,并且要求载体在运动中尽量保持水平。2015 年,Lu 等利用测量的天空偏振角分布图,根据太阳子午线在偏振图中投影为直线,且其附近的偏振角在 90°左右的分布特性,利用霍夫变换(Hough Transform)通过直线检测获取太阳子午线,从而获取水平条件下的载体方位角[96],静态实验结果表明该方法定向精度优于 0.34°。2016 年,Tang 等提出了一种基于脉冲耦合神经网络(Pulse Coupled Neural Network,PCNN)的偏振光定向方法[97],该算法能够利用偏振度信息,自动剔除不准确的偏振角测量点且选取太阳子午线附近的测量点,通过直线拟合获取方位信息,静态实验的定向精度为:晴朗天气下达 0.18°,多云天气下优于 1°。2017 年,Zhang 等利用偏振-光场相机测量天空的偏振信息,利用偏振角的分布在不同天气条件下均能够关于太阳子午线对称分布的特性,通过拟合最优对称线满足偏振角的对称误差最小原则来确定太阳子午线方向[98],在多云天气条件下的静态定向精度优于 2°。目前,现有的偏振光定向方法并未考虑载体的水平姿态角,直接将太阳子午线线方向作为载体的航向角,仅适用二维平面内的水平运动,为拓展偏振光传感器的应用范围,需要研究适用于三维空间运动的偏振光定向方法。此外,在地面无人作战平台的运动环境中,偏振光传感器的测量易受树木、建筑物遮挡,且存在 180°定向模糊,研究基于偏振图像的在线噪声抑制方法与定向模糊度求解方法也是本书的主要内容。

国内已有多家单位在偏振光传感器研制与偏振光定向方法方面做了深入研究,取得了许多系统性的研究成果。其中,大连理工大学褚金奎教授团队[12,99-101]设计研制了光电二极管型三通道偏振光传感器,对传感器的误差模型、标定补偿以及偏振角解算进行了研究,并成功应用于室外地面机器人导航。合肥工业大学高隽教授团队[102,103]研制了四通道偏振光传感器,并对不同条件下的偏振光定向方法进行了研究。中北大学刘俊教授团队[104-106]分别研制了四通道和六通道偏振光传感器,并对偏振片的精密安装以及光电二极管的标定进行了深入研究。哈尔滨工业大学黄显林教授团队[107,108]从理论上证明了偏振光定向可作为组合导航的辅助手段,从而增强导航信息的可用性。另外,西北工业大学的周军[109]、北京大学晏磊[110]以及宇航智能控制技术国家重点实验室江秋林[111]等,也开展了基于天空偏振光分布的仿生定向机理研究。

本课题组也在仿生偏振光定向方面做了深入研究,研制出了六通道光电型偏振光传感器[112]和多相机图像型偏振光传感器[92,113],正在研究微阵列式单目偏振光传感器。在偏振信息解算[112,114]、传感器误差建模与标定[92,113]、偏振光定向方法[115-117]以及大气偏振模型与误差分析[118-120]等方面做了大量研究工作,并通过车载实验验证了仿生偏振光能够满足无人作战平台高精度的定向需求。

1.3　本书拟解决的问题与思路

▶ 1.3.1　本书拟解决的问题

本书的研究重点是解决卫星拒止情况下地面与空中无人作战平台的自主导航技术难题。目前，无论是地面无人作战平台还是空中无人作战平台，其常用的导航方式是"惯性+卫星"组合导航，有的配备了视觉、激光雷达等设备。惯性导航作为目前无人作战平台主要的导航手段，具有强抗干扰、全自主和高实时的优势，但存在高成本、导航误差随时间而积累的问题，就现有的技术发展水平，纯惯性导航尚不能满足无人作战平台长航时的高精度导航需求，因此就导致大多数无人作战平台过分依赖卫星导航，而在战时，卫星导航会受到严重干扰甚至拒止，此种依赖将面临巨大失效风险。

大自然中动物高超的导航本领为解决无人作战平台自主导航难题提供了新的启示。例如，北极燕鸥每年往返于南北两极，飞行距离达 5 万多千米；希腊海龟可从觅食地回溯至 1600km 远的希腊海滩进行繁殖；信鸽能够从数百千米远的陌生地顺利返回巢穴。研究表明，动物能够获取视觉信息、运动感知信息、地磁信息、天空偏振光信息以及嗅觉信息等各种异源信息，并将信息进行组织关联，最终在大脑中形成了用于描述运动环境的认知地图。动物行为学研究也发现，信鸽间的返巢路线会有所差异，但都会经过一些相同的地区节点，其飞行路线可看成是连接这些地区节点的"导航拓扑路线图"。细胞学家更是在哺乳动物大脑内海马区发现了与动物认知环境密切相关的功能细胞：网格细胞，其能够在特定位置的外部环境触发下激活，并按照离散、多尺度、重叠化的结构相互关联，最终形成对外部空间的认知地图。

综合以上介绍可知，动物在进行导航活动时，能够对运动环境中的某些特定区域进行认知与识别，会在大脑中形成相关环境的认知地图，进而顺利完成导航活动。对应的导航策略可抽象为"航向约束+位置约束+学习推断"，航向约束与位置约束依靠感知经验信息来实现，学习推断是结合当前认知结果与以往的经验知识进行导航决策的过程。借鉴动物导航的认知地图与导航策略，本书的主要研究问题可总结如下。

（1）如何构建导航拓扑图？导航拓扑图类似于动物导航所使用的认知地图，网格细胞是形成大脑认知地图的基础。目前有关网格细胞的生物特性研究已有相当成果，但如何借鉴进行导航拓扑图的构建，还需要进一步探索。

（2）如何获取导航约束信息？大部分动物在远距离导航时，均能够从自然环境中获取与运动方向有关的信息，比如地磁场信息和天空偏振光信息，而也是这些信息为动物实现远距离导航提供了有效的航向约束；同时动物也可通过识别认知地图中的一些节点地标获取有效的位置约束，从而修正导航路线。

（3）如何利用导航拓扑图实现自主导航？仅依靠航向或位置约束不能够实现长航时远距离的自主导航，尤其是在错误地识别节点地标后，将导致较大的定位误差。研究如何利用导航拓扑图实现航向约束与位置约束信息的有效融合，以实现连续可靠的高精度自主导航是值得研究的问题。

 1.3.2 解决问题的思路

本书以地面与空中无人作战平台为研究背景，开展基于导航拓扑图的仿生导航方法研究。针对卫星拒止情况下无人作战平台的自主导航技术难题，结合以上科学问题，重点研究导航拓扑图的构建方法、拓扑节点识别与匹配定位方法、多目偏振视觉/惯性组合定向方法和基于拓扑图的节点递推导航算法等内容，本书的总体研究思路如图 1.1 所示。

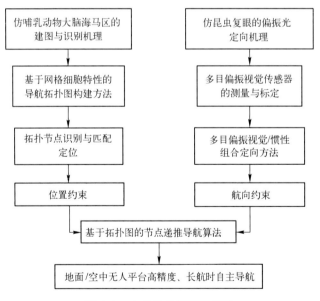

图 1.1　本书的总体研究思路

（1）开展基于网格细胞特性的导航拓扑构建方法研究。重点明确导航拓扑图的基本内涵和网格细胞的构图特性，针对地面与空中无人作战平台的不同应用场景,给出具体的导航拓扑图构建方法。

（2）开展拓扑节点识别与匹配定位方法研究。在欧几里得空间内,节点场景特征分布比较均匀,为提高节点识别的正确率,需要重构特征识别空间,使得相似的节点特征分布紧凑,不同的节点特征分布疏散。单尺度的节点识别算法由于不能充分表达节点环境,存在识别正确率低的问题,并且现有识别算法尚未拓展至空中环境使用,因此需要重点研究面向地面与空中无人作战平台应用的、识别正确率高的节点识别算法。此外,图像匹配定位是提供有效准确位置约束的关键,因此也是重点研究内容。

（3）开展仿生偏振光定向方法研究。现有的偏振光定向方法存在精度低、适用范围小等问题,主要原因:①偏振光传感器测量范围有限且存在测量误差;②车载环境中偏振图像易受障碍物遮挡;③要求传感器保持水平,不能实现三维空间的定向;④未对偏振光定向模糊度进行求解。根据上述问题,将重点研究多目偏振视觉航向传感器的测量误差模型与标定方法、偏振图像在线噪声抑制方法,并结合载体水平角信息,研究多目偏振视觉/惯性组合定向方法以及定向模糊度求解方法,以提高仿生偏振光的定向精度和适用范围。

（4）开展基于拓扑图的节点递推导航算法研究。通过拓扑节点识别与匹配定位可获取位置观测约束,多目偏振视觉航向传感器可提供准确的航向角信息,且误差不随时间积累,单纯的惯导系统随时间递推存在累积误差,本书将以所构建的导航拓扑图为基础,同时引入位置观测约束与航向观测约束,有效补偿导航系统的累积误差,实现惯性、偏振光、视觉信息的有效融合,提高导航系统的定位定向精度。

1.4　本书的研究内容及组织结构

本书结合卫星拒止情况下的地面与空中无人作战平台自主导航技术发展需求,重点研究基于网格细胞特性的导航拓扑图构建方法、基于多尺度的拓扑节点识别与匹配定位方法、多目偏振视觉/惯性组合定向方法和基于拓扑图的节点递推导航算法等内容。本书的组织结构如图 1.2 所示,研究内容共 6 章,具体安排如下。

第 1 章,绪论。主要阐述研究背景与意义、国内外研究现状、拟解决的主要问题和思路、研究内容及组织结构。

第 2 章,基于网格细胞特性的导航拓扑图构建方法。首先介绍了导航拓扑图的基本理论与结构,给出了拓扑节点与连通边的定义与内涵;然后,介绍了网格细胞的生物特性与基本模型,分析总结了网格细胞的激活特性以及对导航拓扑图的构建启示;最后,针对地面和空中无人作战平台的不同应用场景,提出了一种基于网格细胞特性的导航拓扑图构建方法,给出了具体的构图案例,并对拓扑图的基本特性进行了分析。

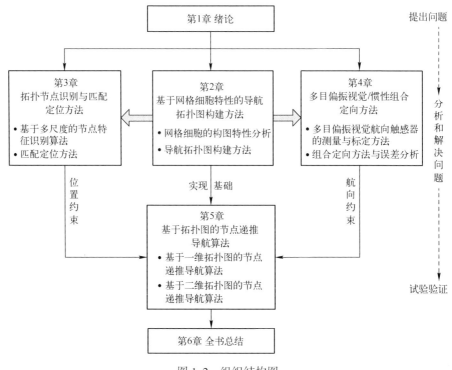

图 1.2 组织结构图

第 3 章,拓扑节点识别与匹配定位方法。介绍了节点识别的基本研究内容,结合第 2 章所构建的导航拓扑图,利用机器学习的 LMNN 算法重构了特征识别空间;面向地面与空中无人作战平台的不同应用场景,分别提出了基于自适应多尺度和基于多尺度序列图像匹配的节点识别算法;给出了一种改进的节点特征匹配定位方法。

第 4 章,多目偏振视觉/惯性组合定向方法。首先,介绍了多目偏振视觉航向传感器的基本测量原理,提出了一种基于 L-M 的多目偏振视觉航向传感器标定方法;其次,结合大气偏振信息分布的基本特性,充分利用全天域的偏振测量信息,给出了一种基于偏振度梯度(GDOP)的图像在线噪声抑制方法;最后,为减小测量噪声影响并实现三维空间内的定向,提出了一种基于全局最小二乘的多目偏振视觉/惯性组合定向方法,并解决了偏振光定向模糊度的求解问题,车载实验验证了该算法能够提供准确的航向角信息。

　　第 5 章,基于拓扑图的节点递推导航算法研究。以第 2 章所构建的导航拓扑图为基础,利用第 3 章的拓扑节点识别与定位方法,能够提供准确的位置观测,利用第 4 章中多目偏振视觉/惯性组合定向方法,为系统提供高精度的航向观测,本章重点将上述两个观测约束通过组合滤波有效融合,构建基于拓扑图的惯性/偏振光仿生组合导航方法,补偿导航系统的累积误差,实现节点递推导航,并设计车载实验和遥感地图飞行实验对算法的有效性进行了验证。

　　第 6 章,全书总结。对本书的主要研究工作进行了总结。

第2章 基于网格细胞特性的导航 拓扑图构建方法

感知和度量空间是动物大脑神经系统的重要功能之一[6,31]。在哺乳动物大脑皮层中,不同区域的神经细胞通过规律性地激活,构建了一个描述外部生存环境多尺度认知地图,再结合地图节点的识别与指引,从而完成自身的导航活动[17,18,121-123]。如图2.1所示,在哺乳动物(以老鼠为例)的整个运动轨迹中,相关神经细胞通过放电激活而在大脑中形成对外部空间环境的认知地图[17,18],从而指引其完成导航活动,该大脑认知地图可归结为视觉导航领域的拓扑地图[20,124],细胞的激活区域对应导航拓扑图的节点,节点之间的运动路径为连通边。目前虽然生物细胞学和仿生学等学科在研究动物导航机理方面积淀了一定的成果[6,16,125-128],但动物大脑导航细胞在表达环境结构方面的作用机理仍需进一步地探索和研究。同时,如何借鉴动物空间细胞表达环境的特殊生物特性,构建满足实际应用需求的导航拓扑图,也是本章的重点研究内容。

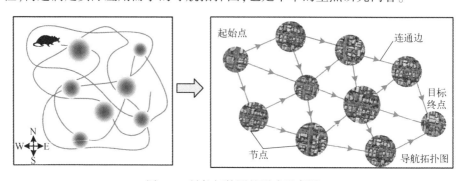

图 2.1　导航拓扑图的形成示意图

本章首先介绍了导航拓扑图的基本理论,从图论的数学模型出发,阐述了导航拓扑图的基本结构,给出了拓扑节点与连通边的定义与内涵。然后介绍了网格细胞的生物特性与基本模型,探索研究了网格细胞的激活特性以及对导航拓扑图的构建启示。最后,针对地面和空中无人作战平台的不同应用场景,结合网格细胞的空间表达特性,提出了基于网格细胞特性的导航拓扑图构建方法,并对导航拓扑图的基本特性进行了分析。

2.1　导航拓扑图的基本概念

导航拓扑图是进行拓扑导航的基础[129]。拓扑导航是指利用空间环境的结构图形化表达,引导载体按照一定路径从起始点准确到达目标终点的过程,其中运动空间环境的图形化结构即为导航拓扑图[35,49,130]。导航拓扑图主要由节点和节点连通边组成,节点表示载体在运动环境中所经过的空间区域,节点连通边则描述了连接两个节点的可通行区域[35,129,131]。由于导航拓扑图的组织表达形式精简,计算量与存储量也较低,比较适用于远距离、大范围的自主导航和路径规划[32,33,132]。

▶ 2.1.1　拓扑节点与连通边

在拓扑图论中,完整的导航拓扑图 G 由两个有限集合构成:一个是表示导航环境中所有节点的集合,即拓扑节点集合 V_G;另一个是表示连接各节点的边集合,即连通边集合 E_G。

导航拓扑图 G 的数学表达式如下:

$$G = \{ (V^1, V^2, \cdots, V^N), (E^1, E^2, \cdots, E^M) \} = \{ V_G, E_G \} \qquad (2.1)$$

式中:$V^I \in V_G$,表示单个节点;N 为节点的总个数;$E^K \in E_G$,表示两个节点(V^I, V^J)之间的一条连通边;M 为连通边的总个数。为了表述简洁,如无特殊说明,直接称 V_G 为节点集,E_G 为连通边集。

在导航拓扑图中,载体通过对拓扑节点描述环境的认知和识别,利用节点已知的经验信息对自身导航系统累积误差进行补偿,以保证准确的运动路径。拓扑节点包含多种不同形式的导航经验信息:一方面不同形式的经验信息可从不同维度充分描述和表达节点,有利于进行节点的认知和识别,如节点的图像信息、位置信息以及典型场景的语义信息等;另一方面要能够提供直接与导航相关的度量信息,如地理位置信息和运动路径信息,载体根据节点的识别结果,获取这些观测的导航度量信息,才能够对系统的导航误差进行修正。节点连通边则描述了两个节点之间的连接约束关系,形象地表达了载体沿节点连通边,按照一定的方向和距离从当前节点转移到目标节点的过程。下面将分别给出拓扑节点和节点连通边的定义与内涵。

定义 2.1　在导航拓扑图中,描述载体在运动环境中所经过的包含有效导航信息的空间区域称为节点。在节点所表示的空间区域内具有若干子节点,每个子节点包含多种形式的导航经验信息,用于描述和表达节点区域的环境结

构,具体的数学模型定义如下:

$$\begin{cases} V^I = \{ (v^1, v^2, \cdots, v^n), \boldsymbol{P}^I, S^I \}, V^I \in V_G \\ v^i = \{ u^i, \boldsymbol{p}^i, s_G^i \}, v^i \in V^I \end{cases} \tag{2.2}$$

式中:V^I 为拓扑导航图 G 的第 I 个节点;$\boldsymbol{P}^I$ 为节点的空间位置;S^I 为节点的空间尺度(以下简称节点尺度);v^i 为区域内的子节点;$u_G^i = \{ u_{G1}^i, u_{G2}^i, \cdots, u_{Gm}^i \}$,表示 m 种不同形式的导航经验信息,如惯性传感器的惯性信息、视觉传感器的图像信息、典型场景的语义信息以及指示运动的路标信息等;$\boldsymbol{p}_G^i$ 为子节点的空间位置信息;s_G^i 为子节点的空间尺度。

节点与子节点的空间位置与尺度是决定导航拓扑图是否有效的关键,表示了载体导航系统在未进行误差补偿情况下可到达的区域,其大小与载体的运动状态、运动环境以及导航系统精度等因素有关。在拓扑节点之间,载体的运动仅受航向约束,运动位置会存在累积误差,需要能够到达节点所表示的空间区域,通过对子节点的正确识别,获取有效的导航经验信息,从而补偿导航系统的累积误差。

定义 2.2 在拓扑导航图中,描述载体运行轨迹中两个邻近节点或子节点按照一定约束形成的运动连接关系,称为连通边。本书中所涉及的约束主要是距离约束和航向约束。连通边的数学表达如下所示:

$$\begin{cases} E^K = (R_I^J, D_I^J), E^K \in E_G \\ e^k = (r_i^j, d_i^j), e^k \in E^K \end{cases} \tag{2.3}$$

式中:E^K 为导航拓扑图中节点 V^I 与 V^J 之间的连通边;R_I^J 与 D_I^J 分别为邻近节点 (V^I, V^J) 之间的航向约束和距离约束;e^k 为节点区域内子节点之间的连通边;r_i^j 与 d_i^j 为相应的航向和距离约束。若干连通边的有序连接则构成了载体的运动轨迹,航向约束由载体的方向传感器决定,距离约束与节点(子节点)的空间尺度有关。

在导航拓扑图中,拓扑节点表达和描述的是整个运动环境,是导航经验信息的主要载体。载体在节点区域内完成对环境的认知和识别,获取导航经验信息,实现导航系统的误差修正,从而保证顺利完成导航任务。此外,拓扑节点也决定了运动环境的结构化表达,合理地构建拓扑节点是构建节点连通边的基础,因此如何构建导航拓扑节点将是本章的研究重点。

▶ 2.1.2 常用的导航拓扑图

目前,导航拓扑图主要应用于机器人视觉导航领域,主要用来实现识别定位与闭环检测。按照拓扑节点构建方法分类,常用的导航拓扑图主要有两种:

一种是基于空间位置的导航拓扑图;另一种是基于场景特征的导航拓扑图。下面简要阐述这两种方法的构建过程。

1. 基于空间位置的导航拓扑图

根据运动环境的空间位置,在固定位置间隔或具有典型标识的特定区域建立拓扑节点。Badino 等针对长航时车辆自主导航问题,提出了一种基于固定位置间隔拓扑图构建方法[132],该方法首先利用单目相机结合 GPS 构建运动轨迹的道路图,每张图片含有具体的场景图像信息以及相应的位置信息;然后按照固定位置间隔选取图像建立节点,两个节点之间的运动道路即为连通边,具体结构如图 2.2 所示。此种构建方法简单,能够以在线或离线的方式,快速高效地实现大范围运动环境的拓扑图构建,而且节点间隔固定,可直接使用节点个数表示运动位移,便于载体运动参数的求解。另一种方法是根据场景中具有典型标识的特定区域而建立节点,如室外环境中的地标建筑[36],室内环境中的走廊、拐角等区域[34,133]。Dayoub 等研究者利用室内环境中的典型标识构建了用于视觉导引的拓扑图,先通过人为选定的走廊、连接口和办公室等特定区域,然后通过全景相机进行识别探测,并将这些区域设定为节点,每个节点包含全景图像,用于图像特征提取和节点识别,节点位置与连通边通过里程计获得,具体原理如图 2.3 所示。该方法构建的拓扑图仅利用了场景中的特定区域,结构较为稀疏,利于存储和高效计算。

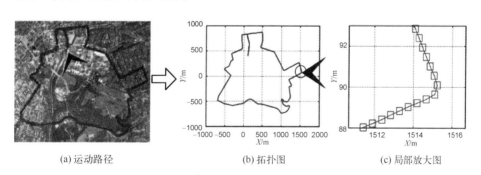

(a) 运动路径　　　　　　(b) 拓扑图　　　　　　(c) 局部放大图

图 2.2　基于固定位置间隔的导航拓扑图

2. 基于场景特征的导航拓扑图

通过对运动场景特征的整体认识,按照一定的相似性判别准则,根据场景特征的相似程度建立拓扑节点。此种方法的出发点是为了让节点区域内场景的可辨识度更高,直接根据场景的图像特征相似性而建立拓扑节点。Booij 等研究者利用全景相机获取室内运动环境的图像连通集,然后比较图像的 SIFT 特征,按照图像特征相似程度建立拓扑节点[134]。由于场景图像容易受到光线、视

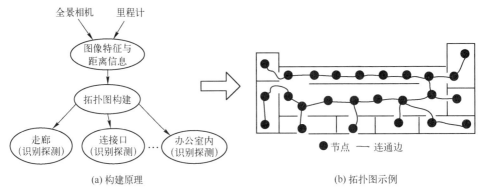

(a) 构建原理　　　　　　　　　　(b) 拓扑图示例

图 2.3　基于特定位置区域的导航拓扑图

角的影响,并且室内环境中场景的布局结构易发生改变,存在因图像特征相似程度判别不准而引起节点场景表达不准确的问题。为了克服此种影响,Rangel及合作者利用场景语义特征,建立了适用于机器人语义导航的拓扑图[41],其基本原理如图 2.4 所示。该方法首先通过卷积神经网络结合语义库获取照片的语义特征算子,然后通过比较各图像中语义词的概率分布,将分布接近的图像作为同一节点,节点间的连通边则为节点之间的可通行区域。此种方法避免了图像特征受外界影响(光线、视角等)而造成节点场景的描述不准确,并且可直接实现拓扑层面的语义导航。

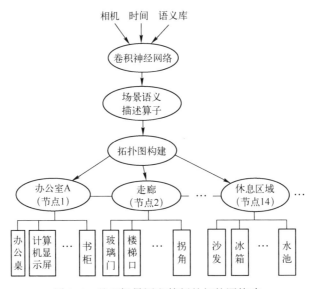

图 2.4　基于场景语义特征的拓扑图构建

　　综上所述,基于空间位置的导航拓扑图构建方法本质是一种监督式的环境学习方法,根据环境的空间位置信息,通过预先设定的固定间隔或手动选取特定区域,建立相应的拓扑节点,该方法可操作性强、执行效率高,比较适用于远距离、大尺度的运动环境,但节点包含的场景受限于空间位置,表达尺度较为单一,并且仅依赖于环境的空间位置信息,所构建的导航拓扑图并不一定能完全准确地表达运动环境。与其相比,基于场景特征的导航拓扑图依赖于运动环境的图像特征,按照一定的相似性判别准则,能够自主地构建拓扑节点,是一种非监督式的环境学习方法。在此拓扑图中,拓扑节点由环境特征而决定,具有多种不同的表达尺度,能够充分地描述场景,利于进行识别与认知,并且场景特征能够拓展至语义层面,应用范围更为广阔。但由于对场景特征依赖性过强,在场景图像信息受外界干扰时,容易引起节点表达混淆,例如不同位置的相似场景建成同一节点。此外,对节点场景的空间位置信息利用不充分,难以满足系统的导航需求。因此本书综合考虑两种拓扑图构建方法的优缺点,根据导航拓扑节点的定义与内涵,充分利用载体运动环境的空间位置信息和场景特征信息,提出一种半监督式环境学习方法,构建满足导航应用需求的拓扑图。

2.2　网格细胞的生物特性与构图特性分析

　　研究表明,在哺乳动物大脑海马体(Hippocampus)和内嗅皮层(Enthorhinal Cortex)中,包含与空间环境表达和认知相关的三种细胞:位置细胞(Pose Cells)、网格细胞(Grid Cells)和方向细胞(Head Direction Cells)。2014 年,Moser 教授夫妇和 O'Keefe 教授夫妇凭借在位置细胞与网格细胞方面的研究成果而获得了诺贝尔生理学或医学奖。尽管目前对动物大脑中导航细胞的产生和作用机理尚不十分明确,但在细胞激活特性与环境认知方面的生物学研究已有丰厚积累,为本书研究导航拓扑图的构建提供了基础和启示。

▶ 2.2.1　网格细胞的生物特性

　　生物学研究表明,哺乳动物大脑海马体和内嗅皮层的神经细胞与动物进行空间感知和度量的行为密切相关。1971 年,O'Keefe 首次在老鼠大脑海马体 CA1 区域和 CA3 区域发现了位置细胞,证实了海马体内的位置细胞通过在环境特定区域的激活(细胞产生动作电位而释放的过程[135])而记忆空间,最终形成认知地图。随后在 2002 年,May-Britt Moser 和 Edvard Moser 发现,当海马体的 CA1 区与 CA3 区的连接被切断时,CA1 区域的神经细胞仍然能够接受来自内嗅皮层的激活信号,表明内嗅皮层内的某些细胞也与动物的环境感知行为有关。

2004 年,Witter 和 Moser 夫妇通过实验记录位于内嗅皮层背尾端内侧的 (the Dorsocaudal Medial Entorhinal Cortex,dMEC)神经细胞活动所释放的空间调制信号,发现老鼠在空间内自由运动时,dMEC 区域内的神经细胞表现出均匀的、离散的激活状态,与位置细胞相比,不仅在环境对应多个离散分布的激活区,而且此种结构也能实现空间的感知和度量[136]。从而证实了在动物大脑内嗅皮层的内侧也存在某种神经细胞能够转化处理环境空间信息。

老鼠右大脑半球的解剖示意如图 2.5 所示,主要结构有海马区和内嗅皮层,海马区主要包括 CA1～CA3(海马角(Cornu Ammonis,CA))、齿状回、下托区、前下托区和旁下托区;内嗅皮层的内侧分为第 2~6 层,在第 2 层发现有网格细胞存在。

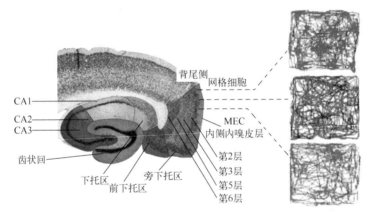

图 2.5　老鼠右大脑半球的剖视图

在 2005 年,Moser 夫妇对 dMEC 区域中具有空间属性的神经细胞做了进一步研究和总结。当老鼠在圆形场地中(直径 2m)自由运动时,发现在 dMEC 区的第 2 层中,神经细胞会呈均匀的、离散的激活状态,如图 2.5 所示。以此神经细胞激活状态对应外部环境的区域为顶点,连接离散分布在整个环境中所有节点,该神经细胞群的激活状态在整体环境中呈现出规律的六边形网格结构,如图 2.6(b)中黑色直线代表的六边形网格。因而定义此种以网格结构编码外部空间的细胞为网格细胞。研究结果表明网格细胞以均匀的、离散的网格结构激活来实现大脑对外部空间的感知和度量。

随后的研究发现,在海马体的前下托区(Presubiculum,PrS)和旁下托区(Parasubiculum,PaS)也发现了类似的网格细胞。不同区域网格细胞的激活状态所对应的外部环境空间尺度也不相同,从几十平方厘米量级至十几平方米量

级。以 dMEC 中的网格细胞为例,如图 2.6 所示,图(a)为运动轨迹中网格细胞
的激活状态,灰色线为运动轨迹,黑色点表示网格细胞在此位置激活;图(b)为
网格细胞空间响应的自相关图,背景暗灰色表示网格细胞的未激活区域,浅灰
色表示激活区域,激活程度越高,颜色越趋近于深灰色。从 dMEC 的背侧区域
至腹侧区域,网格细胞的间距逐渐变大,细胞群激活状态所对应的外部空间尺
度也逐渐变大。由此可见,不同区域的网格细胞呈现不同尺度的激活状态,动
物可利用多种不同空间尺度网格细胞对外部空间进行高效的编码,以精准地对
外部空间进行感知和度量。

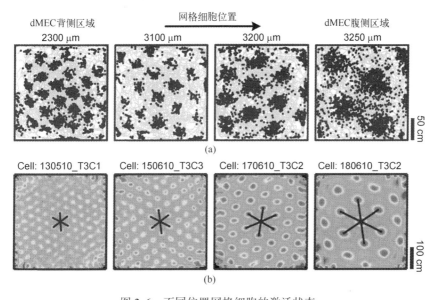

图 2.6　不同位置网格细胞的激活状态

描述网格细胞的激活结构有三个主要元素:网格的间距、网格的方向和网
格顶点的位置。如图 2.7 所示,网格间距为网格激活结构的中心顶点至外顶点
的距离,图 2.7(a)中实线与虚线分别表示两种不同间距的网格细胞;网格方向
为基准方向与最邻近网格对角线矢量之间的夹角;网格的顶点为构成网格结构
的激活点,不同网格结构的顶点之间存在一定相移,如图 2.7(c)所示。在运动
中,大脑内不同区域的网格细胞均有激活,对应的激活结构也不相同。

目前有关大脑网格细胞研究仍在继续,已有大量的研究成果,主要集中在
网格细胞的作用机理和生物特性方面。总结目前的研究成果,网格细胞激活态
的生物特性(简称网格细胞的生物特性)主要有以下几点,期望能够为导航拓扑
的构建提供些启示。

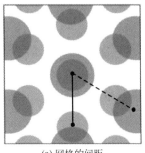 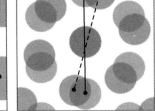 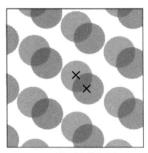

(a) 网格的间距   (b) 网格的方向   (c) 网格顶点的位置

图 2.7   网格细胞的三个元素

（1）网格细胞的激活状态以均匀、稳定的网格结构有组织地分布，在大脑中提供对外部空间的感知和度量。在 dMEC 相同区域，网格细胞的激活结构基本相似，具有相同的间距、方向，网格顶点之间存在轻微相移；在 dMEC 的不同区域，网格细胞的组织结构明显不同，其中从 dMEC 中第 2 层的背侧区到腹侧区，网格间距逐渐增大，编码外部空间的尺度也逐渐增大，从几十厘米至十几米的量级。

（2）网格细胞的激活状态呈离散分布。2012 年 Moser 夫妇通过记录 dMEC 中第 2 层网格细胞的激活状态[18]，首次证实了网格细胞的激活状态是离散的、不连续的，如图 2.6 所示。也就是说，网格细胞并不是在所有位置激活，仅在特定的区域激活，以规则的网格结构实现外部空间编码。

（3）相同区域网格细胞的间距相同，相邻两个不同网格激活结构的间距比值近似为 $\sqrt{2}$。虽然目前研究尚未揭示比例常数的缘由，但生物学结果证实此比例为网格细胞以最优的组织方式表达空间环境。

（4）网格细胞的方向与外部环境相关联。当观察到运动环境中具有典型特征的标识信息旋转一定角度时，相应的网格方向也旋转相近的角度。而在期间，网格的间距和尺寸始终不变。

（5）不同网格细胞激活结构的顶点之间存在一定相移，但保持部分重叠。在相同位置的局部空间内，不同区域网格细胞均可能激活，网格结构以部分重叠的方式编码同一空间区域。

（6）网格细胞的激活结构具有稳定性和一致性。当实验从有光的环境转移至无光的环境时，网格细胞的激活态能够继续保持，并且网格的间距、方向和顶点基本不变；当动物再次经历以前到过的场景时，网格细胞的激活结构保持不变[135]。

总而言之，动物大脑皮层的网格细胞以特定的组织方式，不同区域的网格细胞以离散的、多尺度的激活结构编码外部空间,为大脑提供对外部空间的认知地图。此外,研究也发现当动物沿一定朝向运动时,不同顶点所对应的网格细胞被依次激活,记录了空间距离和方向的变化,使得网格细胞很可能为大脑提供了对空间的度量。因此以动物认知空间的行为启示,借鉴网格细胞激活状态的生物特性,对于构建导航拓扑图具有积极作用。

迄今为止,关于哺乳动物大脑网格细胞激活结构的产生与作用机理的研究仍在继续,一些生理特性尚未得到合理解释,例如网格细胞离散的激活状态与多种激活尺度是否由外部空间环境所决定。尽管目前的推断是环境的视觉特征信息对网格细胞激活结构的产生有重要作用,但具体的作用机理有待进一步研究。

2.2.2 网格细胞的构图特性分析

1. 网格细胞的激活模型

目前,关于网格细胞模型的研究主要集中于模拟网格激活结构形成方面,已有许多学者提出了多种假设模型。在绝大部分假设模型中,网格细胞的激活结构来源于内嗅皮层神经细胞进行路径积分的活动中,网格的初始状态包括位置、方向和顶点,由外部感知获取的信息所决定。此外,这种网格激活结构也是神经细胞感知外部环境形成认知地图的一种表达方式。网格细胞的模型应该能够模拟网格结构的主要特性,例如网格结构的周期性(六边形网格结构)、网格结构的稳定性(改变运动速度和方向网格继续保持)、空间结构的可控性(可改变网格间距、方向和顶点位置等参数)等[18]。总而言之,对于网格细胞激活的假设模型可分为两类,分别是基于振荡互干涉[137-139](Oscillatory Interference)和吸引子网络[7,140,141](Attractor Network)的网格样式激活模型。

1) 振荡互干涉模型

振荡互干涉模型起源于内嗅皮层(第 2 层)中星形细胞的膜电位振荡,发现当星形细胞在接近细胞去极化的触发阈值时,可检测到小幅值(<5mV)的膜电位振荡,据此推测此现象是由星形细胞体和树突中电压敏感膜电流的相互作用而产生[142,143]。随后进一步发现,在内嗅皮层的神经细胞中,其膜电位的固有振荡频率与神经细胞所在的位置区域有关,并且膜电位的固有振荡周期与网格细胞的间距呈正比关系,针对此种现象,研究者普遍认为网格细胞的激活与星形细胞中膜电位振荡的相互作用密切相关,并提出了基于星形细胞体和树突的振荡电位相互干涉的网格细胞激活模型,即振荡干涉模型,表达式为

$$g(t) = \Theta \left[\prod_{\mathrm{HD}} (\cos(2\pi f t) + \cos(2\pi (f + f_D B_H v_r \cos(\psi - \psi_{\mathrm{HD}}))t) + \varphi_0) \right]$$

$$(2.4)$$

式中:$g(t)$为网格细胞的激活函数;Θ为阶跃函数;$\prod$为乘法运算;f为细胞体的振荡频率;f_D为树突的基准振荡频率;ψ为运动方向;v_r为运动速度;ψ_{HD}为速度调制方向;φ_0为神经细胞膜电位振荡波的初始相位;B_H为振荡频率常数。

在每一个速度调制方向下,树突的振荡频率f_d可由下式获取:

$$f_d = f + f_D B_H v_r \cos(\psi - \psi_{HD}) \tag{2.5}$$

研究表明,两种振荡电位波相互作用形成干涉波带,速度调制方向决定波带的振动传播方向。当速度调制方向为60°倍数时,使用三个不同方向的干涉波带可形成生物实验中所观察到的均匀六边形网格结构,其产生过程示意图如图2.8所示。

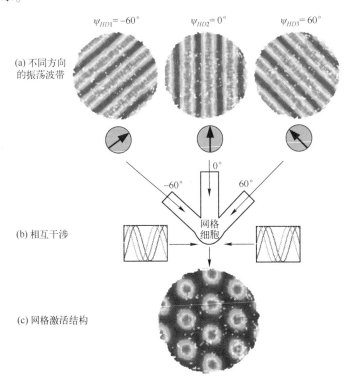

图 2.8　振荡干涉模型示意图

在最终产生的网格结构中,网格的间距为两个相邻振荡波峰之间的距离,其可由下式得到:

$$\Delta(z) = \frac{2}{\sqrt{3} B_H f_D(z)} \tag{2.6}$$

由此可得,网格细胞激活结构的网格间距与神经细胞树突的基准振荡频率相关,而树突的基准振荡频率与神经细胞内嗅皮层中的位置 z 有关,在内嗅皮层中的某个固定位置,网格间距是固定的,与载体运动速度的大小和方向无关。

在生物学实验中,从内嗅皮层(第 2 层)的背侧区域至腹侧区域均有不同激活间距的网格细胞。从式(2.6)可得,在内嗅皮层中某个固定位置的神经细胞树突基准振荡频率恒定,对应此位置区域网格细胞激活结构的间距也恒定,但从内嗅皮层的背侧区至腹侧区,不同位置神经细胞的树突振荡如何影响网格细胞激活结构的间距需要进一步确认。下面将利用振荡干涉模型对此问题展开研究。

首先,对模型进行适当简化。由于网格间距取决于神经细胞的树突基准振荡频率,与运动方向无关。因此不考虑运动方向,振荡干涉模型可简化为

$$g(t) = \Theta \left[\cos(2\pi f t) + \cos(2\pi(f + f_D B_H v_r \cos(\psi - \psi_{HD}))t) + \varphi_0 \right] \qquad (2.7)$$

树突的振荡频率为

$$f_d = f + f_D B_H v_r \qquad (2.8)$$

然后,设计实验研究内嗅皮层不同位置区域神经细胞树突的振荡与网格间距的关系。假设老鼠的运动速度 $v_r = 0.6\text{m/s}$,细胞体的振荡频率 $f = 9\text{Hz}$,振动频率常数 $B_H = 1/3\text{s/m}$,振动初始相位 $\varphi_0 = 0$,而从内嗅皮层的背侧区至腹侧区,神经细胞的树突基准振荡频率逐渐减小,变化范围约从 10Hz 降至 4Hz 左右,因此设定内嗅皮层背侧区神经细胞的树突基准振荡频率 $f_D = 10\text{Hz}$,腹侧区神经细胞的树突基准振荡频率 $f_D = 5\text{Hz}$,则内嗅皮层不同位置的树突与细胞体振荡干涉结果如图 2.9 所示,不同位置树突干涉与网格间距结果如图 2.10 所示。其中树突的振荡频率由式(2.8)获取,设阶跃函数阈值为 1.8,网格细胞激活强度为 1 表示激活,0 附近表示未激活。

由以上结果可知,网格细胞的激活间距仅与内嗅皮层中神经细胞树突所处的位置有关。在内嗅皮层中某个固定位置,神经细胞树突的基准振荡频率恒定,对应网格细胞的激活间距也固定不变;而从内嗅皮层背侧区域至腹侧区域,神经细胞树突的基准振荡频率逐渐降低,对应的网格细胞激活间距逐渐增大。此类似结论与生物学实验结果相一致。

2)吸引子网络模型

在基于吸引子网络的假设模型中,内嗅皮层神经细胞的网格状激活结构是由多个神经细胞触发的连续吸引子交互作用的结果。吸引子之间的交互作用包括相互兴奋和相互抑制,当触发吸引子的神经细胞之间为 Mexican-hat 连接时,邻近细胞间存在有较强的、持续的刺激作用,相互促进兴奋,直至激活细胞

的网格方向相差较大时,细胞间的相互连接会变弱;当细胞之间的为 All-or-none 连接时,细胞间通过无稳定组织的连接形成相互抑制的作用,使得各激活细胞群之间的间隔最大化。在老鼠自由运动时,在自身运动的激励下,多个神经细胞的吸引子相互兴奋和抑制,产生平衡的激活状态,连接神经细胞激活状态所对应的空间位置点就会呈现均匀分布的六边形网格结构。吸引子网络模型可由下式表达[141]:

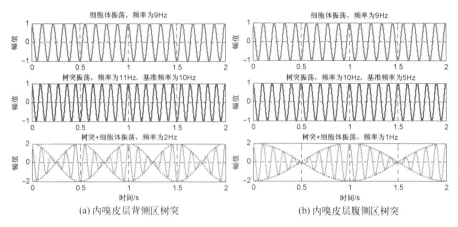

图 2.9   内嗅皮层不同位置的树突与细胞体振荡干涉结果

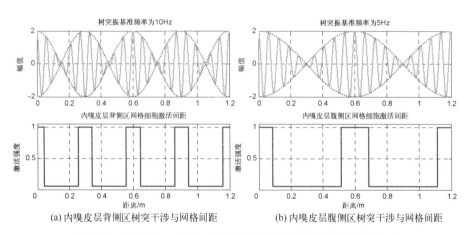

图 2.10   内嗅皮层不同位置树突干涉与网格细胞激活间距的结果

$$\tau r = -r + \left[\tanh(\alpha Wg(x) - J\langle r \rangle - \lambda) \right]_{+} \quad (2.9)$$

式中:r 为不同位置神经细胞的激活函数;$[\cdot]_{+}$ 为阈值函数,将负值归零;τ 为预响应时间常数,一般设置为 50ms;α 为网格细胞响应的归一化系数,即 $\alpha = 100/$

NC,N 为网格细胞数目，C 为网格连通系数；J 为神经细胞之间的吸引子之间拟制系数；$\langle r \rangle$ 为总体神经细胞响应的平均值；λ 为响应阈值；W 为描述神经细胞之间相互作用的权重矩阵（$N \times N$），此处由 0~1 之间的随机数组成；$g(x)$ 为不同位置处网格细胞的响应函数，由三个不同方向的神经细胞激活振动合成，其表达式为

$$g(x) = \frac{1}{R[I]}\left[\sum_{i=1}^{3} \cos\left(\frac{4\pi}{\sqrt{3}\rho} \boldsymbol{u}(\theta_i - \gamma) \cdot (x - \chi) \right) \right] \tag{2.10}$$

式中：$g(x)$ 为在空间位置 x 处的网格细胞的响应函数；$R[I] = [\mathrm{e}^{0.25I} - 0.75]_+$，$[\cdot]_+$ 为阈值函数，将负值归零，此处 $I=3$；ρ 为网格激活间距；γ 为网格方向；χ 为网格顶点的初始相移；$\boldsymbol{u}(\theta)$ 为单位方向矢量，$\theta = \left\{ -\frac{\pi}{3}, 0, \frac{\pi}{3} \right\}$，为三个神经细胞激活方向。

通过多个神经细胞在不同位置响应之间的相互作用，输入方向激励，最终在二维平面内形成生物实验所观察到的六边形网格响应结构。

由上述网格细胞的振荡干涉假设模型可知，从内嗅皮层背侧区域至腹侧区域，神经细胞树突的基准振荡频率逐渐降低，对应网格细胞的激活间距逐渐增大。随着间距的增大，网格细胞所编码空间的尺度也变大，足以可见在内嗅皮层中不同位置的网格细胞编码对应空间的尺度不相同，即网格细胞采用多种尺度编码外部空间。

在此，设计简单实验验证内嗅皮层不同位置区域的网格细胞在二维平面内的激活特性。假设老鼠在 1m×1m 的平面内运动，使用 100×100（N）个神经细胞，固定网格的方向 γ 和顶点相移 χ，模拟内嗅皮层背侧区至腹侧区的网格细胞，对应网格间距 ρ 从 0.3m 逐渐增至 0.9m，实验与结果如图 2.11 所示。从图中可以看出，在二维平面中，网格细胞的激活状态呈离散式分布（背景暗色区域代表网格细胞在此区域未激活，激活程度为 0，圆形区域内网格细胞处于不同程度的激活状态，激活程度最高为 1），在内嗅皮层中某个位置的网格细胞具有固定的网格间距，对应网格细胞在空间内按照等间距激活，编码空间的尺度单一，此结果与振荡干涉模型分析结果相同，随着网格细胞的位置从内嗅皮层背侧区变化至腹侧区，网格间距逐渐变大，对应编码的外空间尺度也变大，此点与生物学实验结果相一致，从内嗅皮层的背侧区（CA I 区和 CA II 区）到腹侧区域（CA III 区），观察到网格细胞的激活间距逐渐变大。由此可见，在二维平面环境中，内嗅皮层的网格细胞通过多种激活尺度对外部环境进行编码。

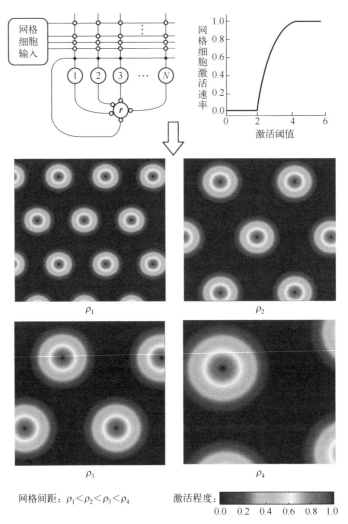

图 2.11　网格细胞在不同间距下的激活状态

　　总而言之,网格细胞的振荡干涉模型验证了网格细胞的激活间距仅与网格
细胞在内嗅皮层中的位置有关,在同一位置区的网格细胞按照等间距激
活,从内嗅皮层背侧区域至腹侧区域,对应网格细胞的激活间距逐渐增大。基
于吸引子网络的网格细胞模型则验证了网格细胞在二维平面的激活状态呈离
散状,并且随着网格细胞激活间距的增大,其对应编码的外部空间尺度也变大,
说明了内嗅皮层不同位置区以多种尺度编码外部空间。

2. 构图特性

根据以上分析可知,在动物大脑海马区内嗅皮层中的网格细胞的激活结构不仅充分编码表达外部空间,辅助大脑认知空间环境,而且能够以稳定的规则化结构为大脑提供空间度量。结合所构建的导航拓扑图,本质与大脑认知图相同,也是实现对外部空间环境的表达和度量。基于网格细胞的生物特性与激活结构,总结网格细胞生物特性对构建导航拓扑图的主要启示如下。

1) 离散式激活

生物学研究表明,在动物自由运动过程中,内嗅皮层的网格细胞并不是以连续的方式激活,而是仅在特定的空间位置区域激活,在大脑中以特有的离散式网格结构实现运动空间的表达和描述。也就是说,网格细胞所编码空间是由若干激活区域与非激活区域交替组成,激活区域是网格细胞处于激活状态的空间区域,其离散地分布在整个运动空间,构成了表达环境的节点,非激活区域对应导航拓扑图的节点连通边,其以嵌入的方式连接着激活区域,组织实现空间环境的结构化表达。

2) 多尺度编码

由前面分析可知,内嗅皮层不同位置区域的网格细胞的激活间距不同,从背侧区域至腹侧区域,其激活区所编码的外部空间尺度逐渐增大,可见不同位置区域的网格细胞以不同的激活尺度实现外部环境的编码,其在大脑中构建的认知地图具有多种空间尺度,而此种多尺度的编码方式被证明是有效表达空间环境的最优组织方式。因此在构建导航拓扑图的节点时,应该根据外部环境特征和空间位置属性,采用多种尺度描述描述节点对应的激活区域。

3) 空间度量

在动物大脑中,网格细胞的间距仅与神经细胞在内嗅皮层中所处的位置有关,与运动速度和方向无关,此点保证了网格细胞能够以稳定激活结构编码空间环境,同时也为大脑实现外部空间环境度量提供了基础。在沿着某一方向连续运动时,不同顶点所对应的网格细胞按照顺序依次激活,辅助大脑实现对外部空间的度量。因此,完备的导航拓扑图应该具有规则稳定的结构,能够同时满足对外部空间环境感知和度量的需求。

2.3　导航拓扑图构建方法

导航拓扑图不仅能够完整地表达空间结构,实现自身对外部环境的感知,而且还要有准确的组织方式,能够辅助实现对外部空间的度量。基于大脑网格细胞表达环境的特殊结构,着重考虑三点启示:①仿照大脑网格细胞离散的空间激活特性,定义网格顶点所对应的空间区域为拓扑节点;②仿照网格细胞以不同的激活尺度编码环境,综合考虑环境的空间位置和特征信息,利用若干多尺度节点表达符合环境认知属性的拓扑结构;③仿照网格细胞规则稳定的结构,构建具有度量的导航拓扑图。

根据 2.1 节中拓扑节点与连通边的定义,本书所构建的导航拓扑图应具有两层结构,如图 2.12 所示,顶层结构主要由稀疏的节点组成,利于高效地组织和表达环境结构,每个节点的底层由若干子节点组成,包含有具体的导航经验信息,用于度量环境的空间结构。下面将分别针对地面和空中无人作战平台的应用背景,结合网格细胞的生物特性与构图启示,分别给出具体的导航拓扑图构建方法。

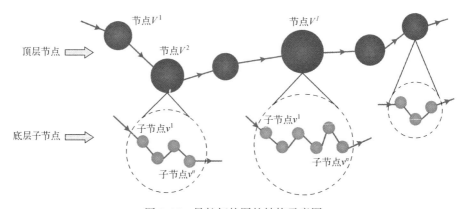

图 2.12 导航拓扑图的结构示意图

2.3.1 导航拓扑图适构性分析

在地面与空中无人作战平台的长航时远距离导航中,会经过森林、沙漠、湖泊、山地等地区,而这些区域由于场景信息单一、纹理特征不明显,所构建的拓扑节点难以识别而无法为导航系统提供有效的位置约束,因此需要结合已知的经验数据进行导航拓扑图的适构性分析,分辨出场景信息丰富、纹理特征明显的区域,用于构建导航拓扑图。

导航拓扑图的适构性分析本质是对离线或在线获取的场景图像与数字地图进行分类。目前,常用的图像分类方法可分为有监督分类方法,如支持向量机 SVM(Support Vector Machines,SVM)[144]、神经网络分类方法[145]等,以及无监督分类方法,如聚类算法[146],本书采用 SVM 法说明导航拓扑图适构性分析的主要过程。

首先选取一定数量的训练样本,在离线获取的经验图像集(场景图像或数字地图)中,选取具有丰富场景信息和明显纹理特征的图像为正样本,其他森林、沙漠、湖泊等单一场景的图像为负样本;其次求解最优分类函数 $f(\boldsymbol{I})$,以训练 $\{\boldsymbol{I}_i, y_i\}_{i=1}^{\overline{N}}$ 为输入,其中 $\boldsymbol{I}_i$ 为图像特征向量,对于场景图像(无人车), $\boldsymbol{I}_i$ 表示提取图像的全局特征,对于数字地图(无人机), $\boldsymbol{I}_i$ 表示单个像素的局部特征, $y_i \in \{+1, -1\}$,分别表示正负样本,分类函数的具体求解过程请参考文献[144]。最后,基于训练的分类器,对其他经验图像集进行分类,结果如下式所示,并依此进行导航拓扑图的构建:

$$f(\boldsymbol{I}_i) \geqslant 1 \rightarrow \boldsymbol{I}_i \in G_p, \quad i = 1, 2, \cdots, \overline{N} \qquad (2.11)$$

式中: G_p 为适合构建拓扑图的经验图像集合。

2.3.2　一维导航拓扑图的构建

在地面无人作战平台的应用中,载体的运动方向受到道路约束,主要考虑运动轨迹不存在重合或交叉的情形,此时平台的运动轨迹可简化为一维线型结构,对应构建的是一维导航拓扑图。本书中构建导航拓扑图的主要输入有图像信息、惯性信息和方向信息,以下将依据平台的实际运动状态、运动环境和导航传感器精度,详细阐述一维导航拓扑图的构建方法。

结合导航拓扑图的双层复合结构,将按照先底后顶的原则,依次分别构建拓扑节点与子节点,进而完成导航拓扑图的构建,主要有三个步骤:首先是构建子节点,将依据平台的空间位置信息,采取等间隔的原则,构建拓扑子节点,其中确定子节点的位置间隔是关键;其次是重组子节点,根据运动环境的特征信息对子节点图像进行分类和组织,以充分准确地表达环境结构;最后构建拓扑节点与连通边,根据子节点的重组结果,按照一定的编码规则,确定拓扑节点与连通边。

1. 构建子节点

拓扑子节点是构成导航拓扑图的基本单元,包含运动轨迹的场景信息和位置信息,是导航经验信息的主要载体。依据平台的空间位置信息,采取等间隔的原则构建子节点,这样一方面使得导航拓扑图具有规则稳定结构,能够避免因运动变化而对导航拓扑图结构产生的影响,保证了导航拓扑图对外部空间的度量能力;另一方面压缩导航拓扑图的场景容量,提高在长航时、大范围运动环境中导航拓扑图的构建和利用效率。具体过程如图 2.13 所示。

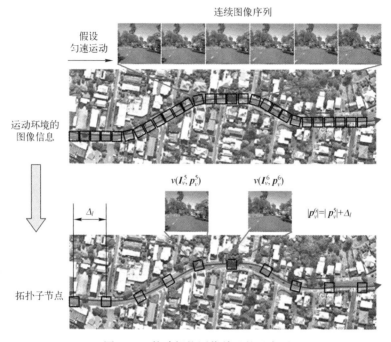

图 2.13　构建栅格图像单元的示意图

假设平台以匀速运动,采集了运动环境的图像信息以及对应的位置信息,即

$$I_r = \{I_r^1, I_r^2, \cdots, I_r^N\}, p_r = \{p_r^1, p_r^2, \cdots, p_r^N\} \tag{2.12}$$

式中:I_r 为场景图像的特征矢量;p_r 为对应的场景位置矢量;N 为采集图像的总数。

以 p_r^1 为起始点,根据图像的位置信息,按照固定间隔 Δ_l 选取相应的图像信息和位置信息,根据 2.1 节中拓扑节点的定义,子节点 v 的建立表示为

$$v^i = \{I_v^i, p_v^i, s^i\}, i = 1, 2, \cdots, n (n < N) \tag{2.13}$$

式中:$I_v^i \in I_r$;$p_v^i \in p_r$;s 为子节点的尺度。在一维导航拓扑图中,以节点包含的图像个数与间隔乘积表示节点与子节点的空间尺度,则各子节点尺度 $s = \Delta_l$。

各子节点之间的位置满足如下关系:

$$|p_v^i| = |p_r^1| + (i-1)\Delta_l, \quad i = 1, 2, \cdots, n \tag{2.14}$$

在一维导航拓扑图中,位置间隔 Δ_l 是构建拓扑子节点 v 的关键,也是导航拓扑图进行度量空间的最小单位,与载体的导航传感器精度和运动状态有关,此处所涉及的导航传感器主要是惯性传感器。在利用拓扑图进行导航时,在未

到达子节点的空间区域之前,系统主要依靠惯性传感器进行导航,由于惯性器件零偏导致算法存在积分误差,为了保证系统的度量精度,惯性导航在间隔周期内的累积误差应该不大于子节点间隔,即

$$\left| \int_0^T \delta \boldsymbol{v} dt \right| \leqslant \Delta_l \tag{2.15}$$

式中:$| \cdot |$ 为向量的模长;$\delta \boldsymbol{v}$ 为惯性导航系统的速度误差。根据文献[4],速度误差主要与惯性器件的加速度计精度有关[147],其微分方程可简写为

$$\delta \dot{\boldsymbol{v}} = [\boldsymbol{f}^n \times] \boldsymbol{\psi} + \boldsymbol{C}_b^n \delta \boldsymbol{f}^b \tag{2.16}$$

式中:$\boldsymbol{f}^n$ 为惯性系统所承受的比力;$\boldsymbol{\psi}$ 为姿态误差;$\boldsymbol{C}_b^n$ 为姿态转移矩阵;$\delta \boldsymbol{f}^b$ 为加速度计的比力测量误差。

综合式(2.15)和式(2.16),则构建拓扑子节点所需的位置间隔应满足如下边界条件:

$$\Delta_l \geqslant \left| \int_0^T \int_0^T ([\boldsymbol{f}^n \times] \boldsymbol{\psi} + \boldsymbol{C}_b^n \delta \boldsymbol{f}^b) d\tau dt \right| \tag{2.17}$$

假设平台以匀速 $\boldsymbol{v}$ 运行,间隔周期为 T,则位置间隔 Δ_l 也可表示为

$$\Delta_l = |\boldsymbol{v}T| \tag{2.18}$$

根据平台的惯性传感器精度以及运动状态,利用式(2.17)和式(2.18)确定合适的间隔周期 T,进而确定 Δ_l。有关具体的结果示例,将在 2.4.1 节会详细讨论。

2. 重组子节点

拓扑子节点的重组是指依据节点所包含的图像信息和位置信息对节点进行分类和组织,主要有两步:先依据子节点中场景图像特征的相似程度进行分类,然后再按照区域位置信息重组为子节点序列。重组的目的是保证拓扑节点完整准确地表达运动环境结构。子节点的重组过程如图 2.14 所示。

首先所有子节点所包含的场景图像 $\{\boldsymbol{I}_v^i\}_{i=1}^n$ 依据特征相似程度进行分类,然后再根据对应的位置信息 $\{\boldsymbol{p}_v^i\}_{i=1}^n$ 重组为子节点序列集 $\{c_k\}_{k=1}^K$,每个集合中由若干相似图像单元构成,其中包含图像的数目仅与区域场景结构有关,与平台的运动无关。重组子节点的关键是对场景图像单元进行合理的分类,尤其是能够解决长航时、远距离运行环境中图像数量巨大的问题。本书采用模糊 C 均值聚类算法[148-150](Fuzzy C-means,FCM),该算法运算复杂度低、效率高,适用于处理大批量图像的分类问题[151]。下面将结合 FCM 算法,对拓扑子节点的重组过程进行描述。

模糊聚类是一种柔性分类方法,其通过隶属度确定图像特征的类属性。假设共有 n 个子节点,对应的图像特征为 $I_v = \{\boldsymbol{I}_v^1, \boldsymbol{I}_v^2, \cdots, \boldsymbol{I}_v^n\}$,现欲将其分成 C 类,

分类结果用模糊矩阵 $\overline{U} = [\overline{u}_{ij}]_{C\times n}$ 表示,矩阵 $\overline{U}$ 的元素 $\overline{u}_{ij}$ 表示第 $j(j=1,2,\cdots,n)$ 个图像单元属于第 $i(i=1,2,\cdots,C)$ 类的隶属度,$\overline{u}_{ij}$ 满足如下条件:

$$\overline{u}_{ij} \in [0,1]; \quad 0 < \sum_{j=1}^{n} \overline{u}_{ij} < n, \forall i; \quad \sum_{i=1}^{C} \overline{u}_{ij} = 1, \forall j \quad (2.19)$$

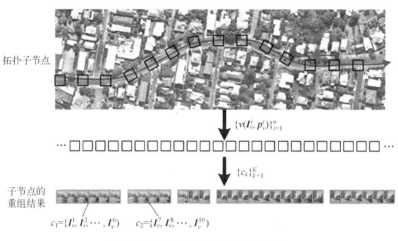

拓扑子节点

$\{v(\boldsymbol{I}_v^i, \boldsymbol{p}_v^i)\}_{i=1}^{n}$

$\{c_k\}_{k=1}^{K}$

子节点的
重组结果

$c_1 = \{\boldsymbol{I}_v^1, \boldsymbol{I}_v^2, \cdots, \boldsymbol{I}_v^6\}$ $c_2 = \{\boldsymbol{I}_v^7, \boldsymbol{I}_v^8, \cdots, \boldsymbol{I}_v^{10}\}$

图 2.14   拓扑子节点的重组示意图

FCM 算法通过不断更新各类中心以及隶属度矩阵各元素的值,迭代使得分类准则函数最小,如下所示:

$$\min J_m(\overline{\boldsymbol{U}}, \overline{\boldsymbol{V}}) = \sum_{j=1}^{N} \sum_{i=1}^{C} \overline{u}_{ij}^{m} \parallel \boldsymbol{I}_j - \overline{\boldsymbol{v}}_i \parallel^2 \quad (2.20)$$

式中:$\overline{\boldsymbol{V}} = \{\overline{\boldsymbol{v}}_1, \overline{\boldsymbol{v}}_2, \cdots, \overline{\boldsymbol{v}}_C\}$ 为类中心向量;m 为加权指数。采用拉格朗日乘数法求解上述目标分类准则函数[152],可以求得分类模糊矩阵 $\overline{\boldsymbol{U}}$ 和聚类中心 $\overline{\boldsymbol{V}}$,即

$$\overline{u}_{ij} = \left(\sum_{l=1}^{C} \left(\frac{\parallel \boldsymbol{I}_j - \overline{\boldsymbol{v}}_i \parallel^2}{\parallel \boldsymbol{I}_j - \overline{\boldsymbol{v}}_l \parallel^2} \right)^{\frac{1}{m-1}} \right)^{-1}, \quad \overline{\boldsymbol{v}}_i = \sum_{j=1}^{N} \overline{u}_{ij}^{m} \boldsymbol{I}_j / \sum_{j=1}^{N} \overline{u}_{ij}^{m} \quad (2.21)$$

式中:m 一般设为 2,初始的分类个数 C 以及类中心矢量 $\overline{\boldsymbol{V}}^{(0)}$ 可参考文献[149]获取。

在完成子节点图像聚类后,根据对应的位置信息 $p_v = \{\boldsymbol{p}_v^1, \boldsymbol{p}_v^2, \cdots, \boldsymbol{p}_v^n\}$,按照位置顺序将同类图像单元重组为同一图像序列集,则将 n 个图像单元重组为 K 个子节点集 $\{c_k\}_{k=1}^{K}$,每个子节点集表示一定空间范围内具有相似图像特征的区域,表示的空间范围 s_k' 可由栅格图像单元间的固定间隔 Δ_l 获得,即

$$c_k = \{\boldsymbol{I}_v^i, \boldsymbol{I}_v^{i+1}, \cdots, \boldsymbol{I}_v^{i+n_k}\}, \forall i \in [1, n-n_k-1] \quad (2.22)$$

$$s'_k = \Delta_l \cdot n_k \qquad\qquad (2.23)$$

运动空间的环境结构通过子节点的序列图像集来表达,不同的空间区域所包含的图像单元个数不同,对应集合的空间范围 s'_k 也不同。

3. 构建拓扑节点与连通边

构建导航拓扑图节点与连通边的过程就是对拓扑子节点重组结果的编码过程,其基本过程如图 2.15 所示。

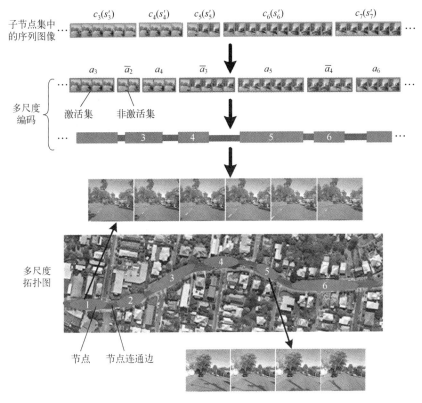

图 2.15　一维拓扑节点与连通边构建过程示意图

在运动环境中,动物大脑网格细胞呈非连续地、离散式激活状态,在特定空间区域内网格细胞才会激活,其他区域则处于非激活状态,并且网格细胞以多种激活尺度编码外部空间。仿照大脑网格细胞特殊的激活结构,根据子节点序列集的空间范围 s' 的重组集合,按照一定规则,对运动空间进行多尺度编码,得到激活子节点集与非激活子节点集,其中激活集对应网格细胞的激活顶点,其所在的空间区域则为导航拓扑图的节点,非激活集对应网格细胞顶点之间的非激活区,所在的空间区域为导航拓扑图的节点连通边。

在一维导航拓扑图的构建中,以节点中所包含的图像个数与子节点位置间隔的乘积表示对应的空间尺度,则子节点序列集的编码规则定义如下。

规则 2.1 将空间尺度小于拓扑节点的尺度下限的子节点序列集编码为非激活集,即

$$\bar{a}_j = \{c_k \mid (\mid c_k \mid -1) \cdot \Delta_l < s_{G\min}\} \tag{2.24}$$

式中:$\mid c_k \mid$ 为集合中图像的个数;$s_{G\min}$ 为导航拓扑图的节点尺度下限,是利用导航拓扑图进行识别定位的最小空间尺度。

规则 2.2 将位于子节点序列集连接处的图像单元编码至非激活集,即

$$\bar{a}_j = \text{border}(c_k) \tag{2.25}$$

式中:$\text{border}(c_k)$ 为集合两端的图像。子节点序列集的首尾端处为相邻不同位置的过渡区域,对应的图像场景会涉及两个不同位置区域,适合描述连接区域。

规则 2.3 剩余所有子节点序列集均编码为激活集,即

$$a_i = \text{non-border}(c_k) \tag{2.26}$$

式中:$\text{non-border}(c_k)$ 为集合内的图像。

在编码完成后,以激活集 a_i 所在的空间区域建立拓扑图的节点,以非激活集 $\bar{a}_j$ 所在的空间区域建立节点连通边,则构建的导航拓扑图、节点与连通边分别表示为

$$G = (V_G, E_G) \tag{2.27}$$

$$V_G = \{v_G^1, v_G^2, \cdots, v_G^n\} = \{a_1, a_2, \cdots, a_n\} \tag{2.28}$$

$$E_G = \{e_G^1, e_G^2, \cdots, e_G^m\} = \{\bar{a}_1, \bar{a}_2, \cdots, \bar{a}_m\} \tag{2.29}$$

拓扑节点的环境表达信息可由激活集中的子节点获得,其中节点的导航经验信息为激活集中的图像以及对应的位置,节点的位置为所有图像集位置的中心;节点连通边的方向约束和位置约束也可由非激活集中图像元的位置矢量变化得到。节点尺度 s_G^i 描述的是其编码外部空间区域大小,即

$$s_G^i = (\mid a_i \mid -1) \cdot \Delta_l, \quad 1 \leqslant i \leqslant n \tag{2.30}$$

式中:$\mid a_i \mid$ 为第 i 个激活集合中子节点序列集所包含图像元个数。

在拓扑图 G 中,每个拓扑节点均有相应的尺度,合并相同尺度并按照从小到大排列,即可得到拓扑图 G 描述环境结构的多尺度向量 s_G:

$$s_G = [s_G^1, s_G^2, \cdots, s_G^p]^T, \quad s_G^1 < s_G^2 < \cdots < s_G^p \tag{2.31}$$

总结上述过程,则面向地面无人作战平台应用的一维导航拓扑图的构建流程如图 2.16 所示。

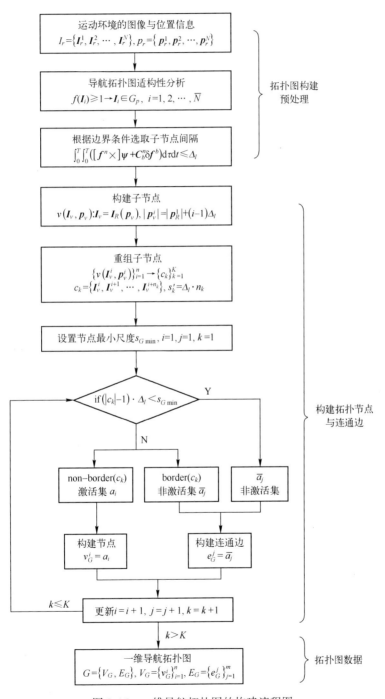

图 2.16　一维导航拓扑图的构建流程图

2.3.3 二维导航拓扑图的构建

在空中无人作战平台的应用中,载体的运动较为自由,可沿任意方向飞行,为了充分表达节点区域的环境结构,利于进行场景识别,以网格状构建拓扑子节点,对应的是二维导航拓扑图。结合导航拓扑图的双层复合结构,借鉴网格细胞离散式、多尺度的环境表达结构,本书中二维导航拓扑图的构建主要分为两步:第一步构建拓扑节点,关键是确定节点的空间位置和空间尺度;第二步在节点所表示的空间区域内,按照一定规则构建网格状的拓扑子节点。

1. 构建拓扑节点

在二维导航拓扑图中,关键是合理确定节点的空间位置和空间尺度。为克服节点场景受飞行视角旋转的影响,二维拓扑图中的节点用地图中圆形区域来描述,节点的空间位置为圆心位置,空间尺度对应圆半径。载体在节点区域内飞行时,通过识别区域内的空间环境获取导航经验信息,从而补偿系统的累积误差。而在节点之间飞行时,仅能够依靠自身的惯性传感器和偏振光航向传感器进行导航,存在一定的累积误差,因此需要根据载体的运动状态和导航传感器精度确定节点的空间位置和空间尺度,以保证载体导航系统在未进行误差补偿下可飞行至相关节点区域。

二维导航拓扑图节点的构建过程如图 2.17 所示,假设飞机以匀速 v 运行,飞行时间为 T_V,则在节点间飞行时,导航系统的累积误差主要包括惯性导航位置误差和航向约束位置误差。惯导位置误差主要与加速度计精度有关,由式(2.16)可得

$$\Delta r_I = \left| \int_0^{T_V} \int_0^{T_V} \left([\boldsymbol{f}^n \times] \boldsymbol{\psi} + \boldsymbol{C}_b^n \delta \boldsymbol{f}^b \right) \mathrm{d}\tau \, \mathrm{d}t \right| \tag{2.32}$$

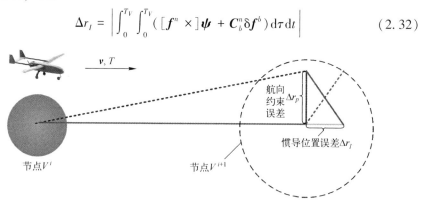

图 2.17 二维导航拓扑图中节点的构建示意图

航向约束位置误差来源于偏振光传感器的航向误差,偏振光传感器的精度

较高,航向误差为小角度,则对应的航向位置误差可表示为

$$\Delta r_p = |vT_V \cdot \Delta\psi| \qquad (2.33)$$

为保证载体在未进行误差补偿下到达构建节点的空间区域,则构建节点的空间尺度 S_V 应大于或等于惯导位置误差与航向约束误差的平方和,即

$$S_V \geq \sqrt{\Delta r_I^2 + \Delta r_P^2} \qquad (2.34)$$

此外,节点的空间尺度不应超过节点间距,即

$$S_V \leq |vT_V| \qquad (2.35)$$

则拓扑节点的空间尺度需满足如下约束关系式:

$$\sqrt{\Delta r_I^2 + \Delta r_P^2} \leq S_V \leq |vT_V| \qquad (2.36)$$

根据上述的约束关系,结合平台的传感器精度和载体的飞行状态,依据式(2.32)~式(2.36)确定合适飞行时间 T_V,进而确定节点的空间位置和空间尺度。相关具体的结果示例,将在 2.4.2 节详细给出。

2. 构建拓扑子节点与连通边

载体通过识别节点区域内的子节点,获取相应的导航经验信息,进而实现导航系统误差的修正。在拓扑节点所表示的空间区域内,按照固定间隔 Δ_r,分别沿相互垂直的 x 网格方向和 y 网格方向均匀地构建拓扑子节点 $v^{ij}(x,y)$,具体过程如图 2.18 所示。拓扑子节点之间的间隔 Δ_r 是导航拓扑图进行度量的基本单位,其由载体的运动速度 v 和系统识别更新时间 T_v 决定,即

$$\Delta_r = |v|T_v \qquad (2.37)$$

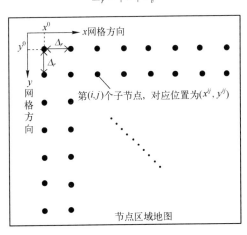

图 2.18　拓扑子节点的网格分布示意图

图 2.19 所示为拓扑子节点与连通边的构建示意过程。与节点的描述形状类似,子节点也采用圆形区域进行描述。仿照网格细胞的多尺度编码结构,利

用不同半径的子节点圆对节点空间区域进行多尺度编码,以充分表达节点区域的环境结构,利于场景识别。

假设有 N 个空间尺度(半径)的子节点圆对节点区域进行描述,按递增顺序表示为 $\{d_G^1, d_G^2, \cdots, d_G^N\}$,相同尺度的子节点圆构成一个子拓扑图,则对应有 N 个子拓扑图 $G_n(n=1,2,\cdots,N)$。在节点区域内,所构建的拓扑子节点可表示为

$$\begin{cases} V_{G_n}^I = \{v_{G_n}^{ij}\}, i=1,2,\cdots,\overline{X}, j=1,2,\cdots,\overline{Y} \\ v_{G_n}^{ij} = S(v^{ij}, d_G^n) \end{cases} \tag{2.38}$$

式中:$V_{G_n}^I$ 为第 I 个拓扑节点;$v_{G_n}^{ij}$ 为第 ij 个子节点;$S(g^{ij}, d_G^n)$ 为由子节点 $g^{ij}(x,y)$ 的空间位置与尺度半径 d_G^n 决定的节点区域;$\overline{X}$、$\overline{Y}$ 分边为沿 x、y 方向的最大网格个数。

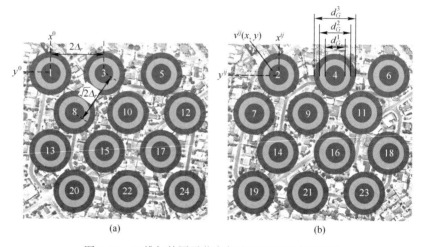

图 2.19   二维拓扑图子节点与连通边的构建示意图

在二维导航拓扑图中,节点或子节点的连通边与空间尺度无关,仅与它们之间的方向约束和距离约束有关,可表示为

$$E_G = \{V(e_G)\} \tag{2.39}$$

$$e_G = \{r(v^{ij}, v^{i'j'}), d(v^{ij}, v^{i'j'})\} \tag{2.40}$$

式中:E_G 为所有节点的连通边集合;e_G 为子节点连通边集合;V 和 v 分别表示拓扑节点与子节点;r 与 d 分别为方向约束和距离约束。

则所构建的二维导航拓扑图可表示为

$$G_n = \{V_{G_n}, E_G\}, n=1,2,\cdots,N \tag{2.41}$$

总结上述过程,面向空中无人作战平台应用的二维导航拓扑图的构建流程如图 2.20 所示。

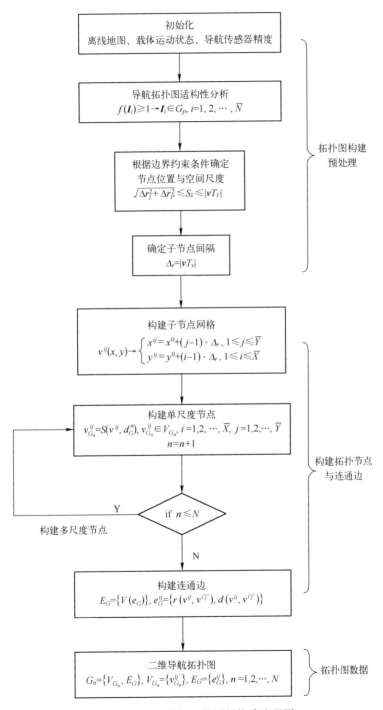

图 2.20　二维导航拓扑图的构建流程图

2.4 构图案例与分析

根据上述导航拓扑图的构建方法,本节将分别给出一维与二维导航拓扑图的构建实现过程及案例,并从运动环境结构表达的准确性与空间度量的精确性方面对所构建的导航拓扑图特性进行分析。

▶ 2.4.1 一维导航拓扑图案例与分析

1. 一维导航拓扑图的构建案例

一维导航拓扑图主要面向地面无人作战平台使用,本节将结合一次车载实验具体阐述拓扑图的构建。该实验在城市道路环境中进行,行驶轨迹如图 2.21 所示。车辆运行路程总长约为 2km,运行速度约为 8m/s,时长约为 250s。原始图像集由单目相机获得,输出频率为 15Hz,GPS 接收机提供 1Hz 的同步位置信息,通过线性差分处理获取每帧图像的位置信息,相邻图像间距约为 0.67m。

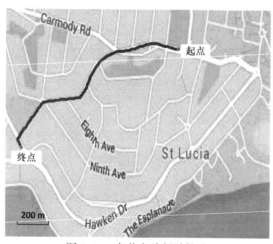

图 2.21 车载实验行驶轨迹

根据 2.3.1 节中的构建方法可知,拓扑子节点是构成导航拓扑图的基本单元,如何根据边界约束方程(式(2.17))确定合理的子节点间隔是构图关键。以下将首先给出节点间隔的确定过程,然后再采用图 2.16 所示的方法完成一维导航拓扑图的构建。

1) 构建拓扑子节点

在一维导航拓扑图中,拓扑子节点按照等间隔均匀分布,是空间环境结构表达和度量的基础。子节点间隔与平台的惯性传感器精度以及运动状态有关,通过间隔约束方程确定运动间隔时间 T，进而确定子节点间隔 Δ_l。

由式(2.17)与式(2.18)，可得

$$\left| \int_0^T \int_0^T ([\boldsymbol{f}^n \times] \boldsymbol{\psi} + \boldsymbol{C}_b^n \delta \boldsymbol{f}^b) \,\mathrm{d}\tau \mathrm{d}t \right| \leqslant |\boldsymbol{v}T| \tag{2.42}$$

令：

$$\kappa = \frac{\left| \int_0^T \int_0^T ([\boldsymbol{f}^n \times] \boldsymbol{\psi} + \boldsymbol{C}_b^n \delta \boldsymbol{f}^b) \,\mathrm{d}\tau \mathrm{d}t \right|}{|\boldsymbol{v}T|} \tag{2.43}$$

$$\Delta_l \geqslant \kappa |\boldsymbol{v}T| \tag{2.44}$$

称 κ 为子节点间隔系数比，表示惯导累积位置误差与真实位置的比值，满足条件 $\kappa \leqslant 1$。在进行子节点间隔求解时，首先需通过设定间隔系数比 κ，然后根据惯性传感器的精度，通过惯性导航系统的累积误差与真实位置确定合适的运动时间间隔。在本次实验中，车辆的运行速度约为 10m/s，惯导系统为消费级精度，其中陀螺的零偏为 100°/h，随机噪声为 1°/$\sqrt{\mathrm{h}}$，加速度 g 的零偏为 10mg，随机噪声为 200μg/$\sqrt{\mathrm{h}}$，设子节点间隔系数比 $\kappa = 0.02$，图 2.22 所示为子节点间隔系数比 κ 随时间的变化曲线。从图中可以看出，κ 随时间增大，相应的惯导累积位置误差也增大，当取 $\kappa = 0.02$ 时，对应的运动间隔时间 $T = 0.52\mathrm{s}$，则子节点间隔为

$$\Delta_l \geqslant |\boldsymbol{v}T| = 8 \times 0.52 = 4.10(\mathrm{m}) \tag{2.45}$$

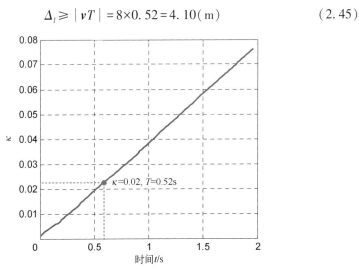

图 2.22　子节点间隔系数比的变化曲线

由式(2.43)可知，已知载体的运动速度大小时，子节点间隔与惯性器件精度和间隔系数比有关。当间隔系数比 κ 固定时，载体使用的惯性器件精度越

高,子节点间隔 Δ_l 越大,所构建的导航拓扑图越稀疏,反之亦然。当载体使用的惯性器件精度固定时,随着间隔系数比 κ 的增大,子节点间隔 Δ_l 也越大,反之亦然。

2)一维导航拓扑图的构建案例

在确定子节点间隔后,按照图 2.16 给出的方法实现一维导航拓扑图的构建,具体案例如图 2.23 所示。本次实验运行路程约为 2km,子节点间隔为 4.10m,共构建了 33 个节点,每个节点的空间尺度不尽相同。图 2.23(a)为拓扑子节点的编码结果,按照 2.3.1 节的编码规则,分别得到激活子节点集(Active)和非激活子节点集(Inactive),两种集合相互交替,分别对应拓扑图的节点区域与连通边。图像 A、B 和 C 表示按照编码规则,将位于栅格图像集连接处的图像编码为非激活集,对应节点连通边。图 2.23(b)为所构建的导航拓扑图,主要由不同空间尺度的节点组成,节点区域所包含的子节点个数,即图中圆形区域的数字。在该拓扑图中,节点表示具有相似图像场景的区域,其对应的空间尺度仅由场景图像的相似度自动确定,与平台的运动速度无关,并且序列图像描述节点能够充分描述环境结构,利于载体进行场景识别。

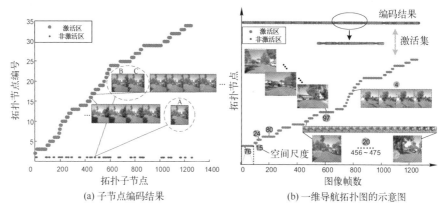

(a)子节点编码结果   (b)一维导航拓扑图的示意图

图 2.23 一维导航拓扑图的实现

2. 一维导航拓扑图的特性分析

1)在环境结构表达方面

拓扑图主要通过节点表达环境结构,节点的组织方式和空间尺度直接决定了拓扑图对环境结构的表达性能。在构建的一维导航拓扑图中,拓扑节点是建立在外部环境自然类属性的基础上,按照环境的空间信息和场景图像进行组织管理,利用子节点序列集表达环境中具有相似场景的区域,并且节点的空间尺度依据环境结构的类属性而确定,具有自适应的优势,能够完整准确地表达环境结构。下面将通过比较自适应多尺度节点与固定单尺度节点来分析拓扑图表达环境结构的性能。

图 2.24 所示为相同区域环境中,自适应多尺度节点与固定单尺度节点表达环境结构的对比图。在图 2.24(a)中,各节点由场景图像的相似程度自动确定,能够完整地表达环境结构,而在图 2.24(b)中,每个节点的尺度均设为固定值,此时运动环境的自然属性易被破坏,会造成节点的表达混乱,例如从图像 314 帧至 320 帧中均有黑色车辆,表示相似区域,在图 2.24(a)中表示为一个节点,而在图 2.24(b)将其划入了不同的区域,使得节点内的图像的相似性不高,不利于节点的场景识别。

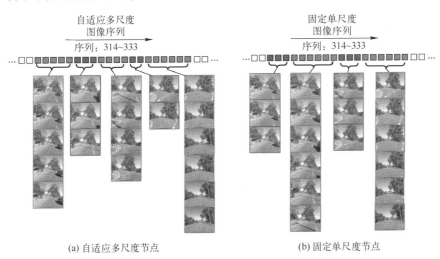

(a) 自适应多尺度节点　　　　　　　　(b) 固定单尺度节点

图 2.24　自适应多尺度节点与固定单尺度节点对比图

2）在空间度量方面

拓扑图对空间环境的度量通过对节点场景的识别定位实现,其度量精度主要由拓扑子节点的间距 Δ_l 决定。在载体运动速度和惯性器件精度一定的情况下,随着间隔系数比 κ 的增大,所对应的运动间隔时间 T 也变大,相应的子节点间隔 Δ_l 也越大。本节设定三个不同的间隔系数比,对应的时间间隔如图 2.25 所示,分别对应的子节点间隔为 4.16m、12.80m 和 24.80m。

图 2.26 所示为三种不同间隔的拓扑子节点分布图。由图可知,间距 Δ_l 越大,子节点的分布越稀疏,虽然能够提高拓扑图的构建效率,但环境结构表达过于粗糙,使得利用拓扑图进行识别定位的精度也会降低;相反,Δ_l 越小,子节点的分布越稠密,环境结构表达更精细,节点识别定位的精度会提高,但拓扑图的构建以及识别运算量会增加。因此,在满足定位精度需求的前提下,Δ_l 不易过小;同

时需要在保证场景精细化表达的基础上,研究提高拓扑节点识别效率的方法。

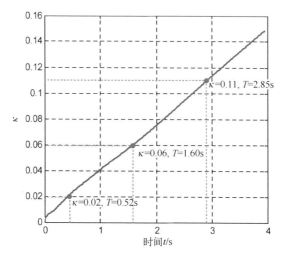

图 2.25 不同 κ 所对应的时间间隔

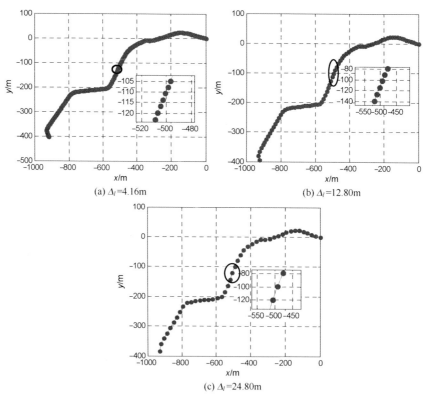

图 2.26 三种不同间距的拓扑子节点分布图

2.4.2　二维导航拓扑图案例与分析

1. 二维导航拓扑图的构建案例

二维导航拓扑图主要应用于空中无人作战平台,本节利用卫星遥感地图上,模拟无人作战平台飞行实验,构建二维导航拓扑图。实验在城郊环境中进行,飞行区域范围为 24km×24km,载体按预定轨迹匀速飞行,速度为 35m/s,过程中保持水平,具体飞行实验轨迹与示例图像如图 2.27 所示。

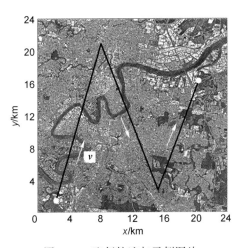

图 2.27　飞行轨迹与示例图片

由 2.3.2 节中二维导航拓扑图的构建方法可知,确定节点的位置与空间尺度以及子节点间隔是构图关键。下面首先利用边界约束条件确定节点的位置和空间尺度,进而构建拓扑节点;然后根据间隔约束条件确定合适的子节点间隔,在节点区域内完成子节点的构建;最后采用图 2.20 的方法流程完成二维导航拓扑图的构建。

1) 构建拓扑节点

拓扑节点的位置和空间尺度由载体导航系统精度和运动状态决定,而关键是根据边界约束条件确定合适的时间间隔 T_V,进而确定节点的位置和尺度参数。由式(2.36)可得

$$\sqrt{\left|\int_0^{T_V}\int_0^{T_V}([\boldsymbol{f}^n\times]\boldsymbol{\psi}+\boldsymbol{C}_b^n\delta\boldsymbol{f}^b)\mathrm{d}\tau\mathrm{d}t\right|^2+\left|\boldsymbol{v}T_V\cdot\Delta\boldsymbol{\psi}\right|^2}\leqslant\left|\boldsymbol{v}T_V\right|$$

$$(2.46)$$

令

$$\kappa_V = \frac{\sqrt{\left|\int_0^{T_V}\int_0^{T_V}\left(\left[\boldsymbol{f}^n \times\right]\boldsymbol{\psi} + \boldsymbol{C}_b^n \delta \boldsymbol{f}^b\right)\mathrm{d}\tau\,\mathrm{d}t\right|^2 + \left|\boldsymbol{v}T_V \cdot \Delta\boldsymbol{\psi}\right|^2}}{\left|\boldsymbol{v}T_V\right|} \qquad (2.47)$$

称 κ_V 为节点的位尺系数,满足条件 $\kappa_V \leqslant 1$。在求解节点的位置和尺度参数时,首先需要设定节点的位尺系数,然后根据载体惯导位置误差与航向约束误差确定合理的时间间隔 T_V,最后根据下式计算节点的位置 $\boldsymbol{P}_V$ 和尺度 S_V。

$$S_V = \lambda \kappa_V \left|\boldsymbol{v}T_V\right| \qquad (2.48)$$

$$\boldsymbol{P}_V^l = \boldsymbol{P}_V^{l-1} + \boldsymbol{v}T_V \qquad (2.49)$$

式中: $\lambda > 1$,保证式(2.36)成立,本书取 $\lambda = 1.2$。

在本次飞行实验中,系统的惯性器件中陀螺的常值零偏为 $10°/\mathrm{h}$,随机噪声为 $1°/\sqrt{\mathrm{h}}$,加速度计的常值零偏为 $10\mathrm{mg}$,随机噪声为 $1000\mu\mathrm{g}/\sqrt{\mathrm{h}}$,偏振光航向传感器的精度为 $0.9°$,设子节点间隔系数比 $\kappa_V = 0.18$,图2.28所示为节点位尺系数随时间的变化曲线。从图中可以看出, κ_V 随时间增大,相应的惯导位置误差和航向约束位置误差也增大。当取 $\kappa_V = 0.18$ 时,对应的时间间隔 $T_V = 65.06\mathrm{s}$,根据上式可得节点的空间尺度 $S_V = 491.85\mathrm{m}$。

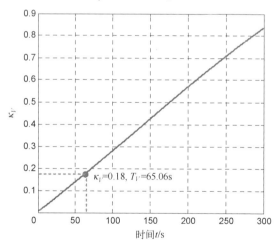

图2.28 拓扑节点位尺系数变化曲线

2) 构建拓扑子节点

拓扑子节点在节点区域内,主要用于载体的识别和修正系统误差,其按照一定间隔呈网格状分布,所对应的空间区域采用不同尺度的子节点圆进行描述。假设载体的运动连续,速度为 $35\mathrm{m/s}$,子节点的识别更新时间 T_v 为 $2\mathrm{s}$,则子节点的网格间距 $\Delta_r = 70\mathrm{m}$。采用三个不同半径的子节点圆对节点区域进行描述,分别为 $d_G^1 = 25\mathrm{m}$, $d_G^2 = 35\mathrm{m}$ 和 $d_G^3 = 45\mathrm{m}$,对应的子节点网格如图2.29所示。

图中虚线表示子节点所代表的空间区域,实线表示子节点连通边。

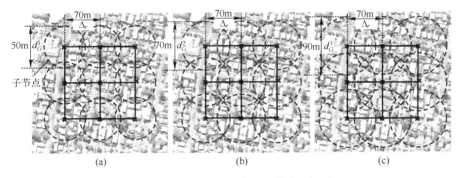

图 2.29　三种不同尺度的子节点网格图

3)二维导航拓扑图的构建案例

根据图 2.20 给出的二维导航拓扑构建方法,具体实现案例如图 2.30 所示。本次实验中,载体沿直线匀速飞行,速度为 35m/s,各拓扑节点均匀分布,根据导航系统的精度可知,在节点间隔的运行时间 T_V,则由式(2.49)可得节点间隔约为 2.28km,节点尺度 $S_V = 491.85$m。在节点区域内,子节点呈网格状均匀分布,网格间距 $\Delta_r = 70$m,并且使用不同半径大小的子节点圆对环境进行编码,实现运动环境的多尺度表达。

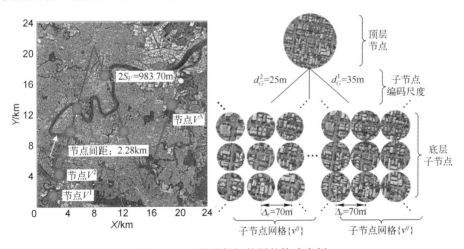

图 2.30　二维导航拓扑图的构建案例

2. 二维导航拓扑图的特性分析

1)在环境结构表达方面

在二维导航拓扑图中,拓扑子节点是表达节点区域环境结构的基础。由于拓扑子节点具有不同的空间尺度,在网格间距固定的前提下,子节点所表示的空间区域会因空间尺度的不同而出现不同程度的重合,其表征了拓扑图表达空间环境结构的稠密度,由子节点的网格间距和空间尺度共同决定,数学定义如下:

$$\delta_{G_n} = \frac{d_G^n}{\Delta_r}, n = 1, 2, \cdots, N \tag{2.50}$$

由式(2.50)可知,在网格间距固定时,拓扑节点的空间尺度越大,表达环境结构的稠密度也越高,如图2.31所示。图中亮灰色区域表示节点的重合区域,从左至右,节点的尺度逐渐变大,相邻节点的重合区域也越大,对应的稠密度也变大,此时会对拓扑图表达环境结构产生两方面影响:一方面提高了拓扑图表达环境的完整性,空间环境结构表达更充分;另一方面降低相邻子节点区域之间场景图像的差异性,会对节点场景的识别产生一定的影响。

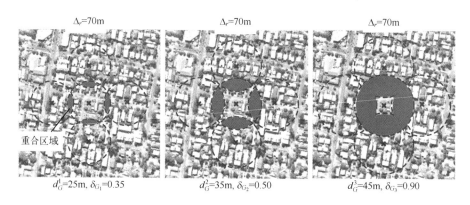

图 2.31　三种不同节点尺度下拓扑图的稠密结构

2) 在空间度量方面

拓扑节点是导航拓扑图进行空间度量的基础。当载体运动状态已知,节点的位尺系数固定时,使用不同精度的惯性传感器,根据边界约束条件获得的节点间距并不相同。与图2.28所示的惯性器件精度进行对比实验,其中陀螺的常值零偏为$1°/h$,随机噪声为$0.1°/\sqrt{h}$,加速度计的常值零偏为$5mg$,随机噪声为$100\mu g/\sqrt{h}$,偏振光航向传感器精度不变。图2.32所示为两种不同精度惯导的节点位尺系数变化曲线,当取$\kappa_V = 0.15$时,分别对应的节点间隔时间为52.02s和108.6s。由式(2.48)和式(2.49)可得,相应的节点间隔分别为1.04km(较低精度INS)和2.17km(较高精度INS),节点尺度分别187.27m和390.96m。可见,当载体使用的惯性器件精度较低时,根据边界条件所构建的拓扑节点间隔越小,节点分布越稠密,相应的节点尺度也较小,反之亦然。值得说明的是,通过改变节点位尺系数的大小,也可得到类似的结果。

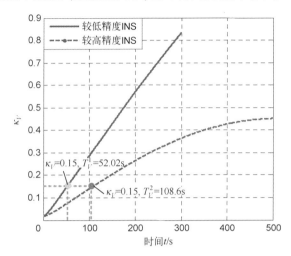

图 2.32　不同精度惯导的节点位尺系数变化曲线

拓扑子节点是导航经验信息的主要载体,也是二维导航拓扑图进行空间度量的基本单元,其精度主要由子节点的网格间距决定。由式(2.37)可得,子节点的网格间隔 Δ_r 与载体的运动速度 v 和子节点识别更新时间 T_v 呈正比关系。对于网格间距较大的拓扑图,区域内拓扑子节点数目越少,分布越离散,有利于提高子节点场景识别的效率,但环境表达结构较为粗糙,会降低识别定位精度;而网格间距较小的拓扑图能够精细化地表达环境结构,有助于实现精确的节点定位,但拓扑节点的数目也会增加,节点识别的运算效率会降低。因此,需要在满足定位精度的需求下,网格间距不宜过小,同时也需要研究提高节点场景识别效率的方法。

2.5　本章小结

本章主要研究了导航拓扑图的构建方法,对相关的一些理论进行了概述,阐述了导航拓扑图的基本结构,给出了导航拓扑节点与连通边的概念和内涵。从大脑网格细胞的生物模型出发,深入分析了网格细胞的激活特性以及空间表达结构,结合地面无人作战平台与空中无人作战平台的不同应用场景,提出了基于网格细胞特性的一维和二维导航拓扑图的构建方法,并给出了确定节点位置和空间尺度的边界约束条件,通过构图案例,从环境结构表达和空间度量两方面对导航拓扑图结构进行了分析讨论,主要内容总结如下。

（1）在一维导航拓扑图中,模拟网格细胞的特殊空间编码结构,依据环境的空间位置与场景图像信息,建立自适应多尺度的拓扑节点,与固定单尺度拓扑图相比,能够更完整准确地表达空间环境结构。拓扑图的空间度量精度主要由拓扑子节点的间隔决定,间距 Δ_l 越小,子节点分布越稠密,识别定位的精度也越高,反之亦然。

（2）在二维导航拓扑图中,拓扑节点按照一定间距分布,每个节点区域内由网格状子节点组成;拓扑节点的分布由载体导航系统的惯性传感器和偏振光航向传感器精度所决定,传感器精度越高,节点分布越离散,相应的节点间距和节点空间尺度也越大;子节点的网格间距与尺度比值越小,拓扑图的环境表达结构越精细,空间度量也越准确,反之亦然。

第3章 拓扑节点识别与匹配定位方法

本章主要研究了利用拓扑节点进行识别与定位的内容,目的是为载体的自主导航提供位置约束。在导航拓扑图中,节点是导航经验信息的主要载体,包含多种不同形式导航经验信息,如图像特征信息、地理位置信息和场景语义特征信息等,载体只有正确地识别拓扑节点,才可以将节点关联的经验信息传递至载体的导航系统,进行有效的定位解算,获取准确的位置约束,实现导航系统累积误差的补偿,保证顺利完成导航任务。

本章首先介绍了节点识别研究的基本内容,结合第2章所构建的导航拓扑图,利用机器学习的方法构建了特征识别空间,面向地面和空中无人作战平台应用,分别研究了多尺度节点识别算法,然后研究了利用匹配特征点实现定位的方法。设计了车载实验和基于卫星遥感地图的飞行实验,对节点识别算法进行了验证和分析,并与现有的 FMS[63]、SeqSLAM[58,153] 和 FABMAP[56,154] 等识别算法进行对比分析。

3.1 节点识别概述

在利用拓扑图进行导航时,根据载体当前获取的特征信息,确定载体当前位置是否处于拓扑图中某个节点区域的过程,称为拓扑节点识别。本章以视觉传感器为主要输入,识别特征信息主要指图像特征信息,图3.1以视觉信息为例,给出了拓扑节点场景识别的基本框架。载体当前采集的视觉信息经过图像处理,提取运动环境所包含的场景图像特征,在拓扑导航图中通过识别比对节点,确定载体当前场景的空间位置,传递节点所包含的导航经验信息,即输出节点识别结果。若识别判断出当前的场景不属于导航拓扑图所表达的运动环境,则在线更新导航拓扑图(虚线所示)。

节点场景图像的合理表达是进行节点识别的基础[47]。目前场景图像的描述方法大体可分为两类:一类是图像全局特征,如灰度特征、GIST 特征等[48,155],其侧重于对环境整体信息的描述,不局限于局部特点,并且运算效率高,比较适用于地面近距离场景的描述;另一类是图像的局部特征,如 SIFT 特征[156]、

SURF 特征[51]等,其侧重于对环境局部信息的描述,而且对图像的旋转、平移和尺度变化等具有一定的不变性,比较适用于空中远距离场景的描述。考虑本书的应用场景,使用灰度特征和 GIST 特征对地面无人作战平台的节点场景进行描述,使用 SIFT 特征对空中无人作战平台的节点区域环境进行描述。

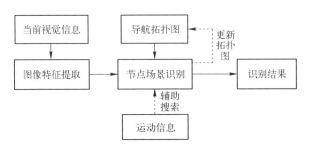

图 3.1 拓扑节点场景识别框架图

在载体正确的识别节点后,才能传递有效的导航经验信息,因此研究识别性能较好的节点识别算法对于提高导航系统的性能至关重要。以下将从节点识别难点和识别评价指标两方面对节点识别算法进行简要介绍。

1)识别难点

节点的外部空间环境信息以及自身传感器信息存在一定的不确定性[47]。例如,由于自然季节变化、光照条件不同以及传感器差异等因素,均会造成环境结构的表达和描述有一定的差异。以视觉场景为例,图 3.2 所示为同一区域内不同条件下的场景图像,外部环境的图像信息容易受到季节、光照和时间等外部因素的影响,同时也受到自身相机采集视角的影响,使得导航拓扑图所表达的场景信息与当前采集的场景信息存在一定差异。

季节变化   光线变化   时间变化   视角变化

图 3.2 不同条件下的场景图像

空间环境的差异性可从两个方面解决：一是在空间信息的表达方面，主要是减小环境信息表达的差异性，准确描述多种信息的相关性以及合理地判断信息的可用性；二是在拓扑节点的识别方面，研究能够适应动态环境的鲁棒性强、准确率高的节点识别方法，尽可能减小因空间环境信息的变化差异带来的负面影响，此点也是本节的重点研究内容。

2) 识别评价指标

根据前面分析可知，拓扑节点识别结果的正确率反映了所构建拓扑图表达环境结构合理性和准确性，本节将采用计算机视觉领域的准确-查全率曲线（Precision-recall，PR 曲线）系统地评价拓扑节点识别的结果。

节点识别的准确-查全率曲线（PR 曲线）表示在不同占比的节点场景检测中正确识别节点场景的比例，其中正确识别节点场景的样本数记为 TP（Ture Positives），错误识别节点场景的样本数记为 FP（False Positives），遗漏检测的节点场景样本数记为 FN（False Negatives），则拓扑节点识别的准确率（Precision）和查全率（Recall）分别定义为

$$准确率 = \frac{TP}{TP+FP} \times 100\% \tag{3.1}$$

$$查全率 = \frac{TP}{TP+FN} \times 100\% \tag{3.2}$$

由式（3.1）、式（3.2）可得，在一定的查全率下拓扑节点识别的准确率越高，则表明拓扑图更合理准确地表达了环境结构。在理想情况下，所有的节点都被正确地识别，即查全比例为 100%，对应的准确率也为 100%，而在实际情况中，任何节点场景识别均会存在一定比例的错误识别样本（FP）和漏检识别样本（FN），因此根据识别的准确率与查全率定义两个指标定量评价最终的节点识别结果，一是正确识别时（准确率为 100%）的最大查全率 R_{max}，二是准确-查全率的曲线面积（Area Under the Curve，AUC），R_{max} 与 AUC 越大，节点识别的结果越好，表明所构建的拓扑图表达环境结构越稳定以及相应的识别算法性能越好，反之亦然。

3.2 基于多尺度的节点特征识别算法

本书所构建的导航拓扑图是基于网格细胞的多尺度激活特性，具有多种空间尺度，可以准确完整地表达环境的拓扑结构。与单一尺度的导航拓扑图相比，多尺度的结构不仅有利于外部空间环境结构的表达，而且也能够消除单一尺度节点识别的不确定性，得到更加准确的节点识别结果。下面将结合一维和

二维导航拓扑图,以节点图像特征为例,分别阐述多尺度节点识别算法。

3.2.1 基于 LMNN 的特征识别空间重构

目前,关于生物如何进行节点特征识别的机理尚不明确,但借鉴网格细胞所表达的环境结构而构建特征识别空间是值得研究的内容。根据导航拓扑图的多尺度表达结构,采用机器学习中的大边界最近邻算法[157](Large Margin Nearest Neighbor,LMNN),重构导航拓扑图的空间特征,使得在同一节点区域的特征信息分布更加紧凑,不同节点区域的特征样本分布更加松散,这样不仅使得拓扑图能够更加合理准确地表达环境结构,而且也有利于进行拓扑节点识别。

下面以一维导航拓扑图为例,详述特征识别空间的构建过程,具体示意图如图 3.3 所示。构建特征识别空间的关键是根据导航拓扑图获取一个能有效反映拓扑节点区域特征信息相似程度的度量矩阵。度量矩阵的学习分为两个步骤。第一步是确定各节点中心的目标近邻样本,此处将在与节点中心对应的区域内的图像样本定义为目标样本,并标注相同的标号,则导航拓扑图中 n 个节点,共包含 m 个图像样本,各节点对应的图像目标样本可记为

$$\{\boldsymbol{I}_i, y_i\}_{i=1}^{m} \in R^N \times \{1, 2, \cdots, n\} \tag{3.3}$$

式中:$\boldsymbol{I}_i$ 为第 i 个图像样本的 N 维特征矢量;$\forall y_i \in [1, 2, \cdots, n]$ 为对应的目标近邻标号,同一节点内图像样本具有相同且唯一的标号。

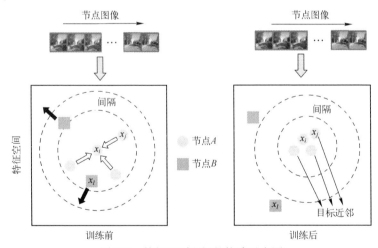

图 3.3 特征识别空间的构建示意图

第二步是根据拓扑节点中的目标样本训练得到度量矩阵 $\boldsymbol{M}$,使得相同标号的目标近邻样本分布更加紧凑,不同标号的目标近邻样本分布更加松散,如图 3.3 所示。假设任意两个目标样本间的距离度量为

$$d_M(\boldsymbol{I}_i, \dot{\boldsymbol{I}}_j) = (\boldsymbol{I}_i - \boldsymbol{I}_j)^{\mathrm{T}} \boldsymbol{M} (\boldsymbol{I}_i - \boldsymbol{I}_j) \tag{3.4}$$

式中:度量矩阵 $\boldsymbol{M}$ 为半正定矩阵,即

$$\boldsymbol{M} = \boldsymbol{v}^{\mathrm{T}} \boldsymbol{v} \tag{3.5}$$

将式(3.5)代入式(3.4),可得

$$d_M(\boldsymbol{I}_i, \boldsymbol{I}_j) = (\boldsymbol{I}_i - \boldsymbol{I}_j)^{\mathrm{T}} \boldsymbol{v}^{\mathrm{T}} \boldsymbol{v} (\boldsymbol{I}_i - \boldsymbol{I}_j) = \| \boldsymbol{v}(\boldsymbol{I}_i - \boldsymbol{I}_j) \|^2 \tag{3.6}$$

式中:$\boldsymbol{v}$ 为转换矩阵;d_M 为在重构后的拓扑空间内计算的欧几里得距离。

令 $y_{ij} \in \{1, 0\}$ 表示样本的特征向量 $\boldsymbol{I}_i$ 与 $\boldsymbol{I}_j$ 是否属于相同的节点区域,若属于同一节点,则 $y_{ij} = 1$,否则,$y_{ij} = 0$;定义 ε_{ijl} 为侵入样本 $\boldsymbol{I}_i$ 与 $\boldsymbol{I}_j$ 的非目标样本总数(图 3.3),则利用拓扑节点的图像样本训练度量矩阵 $\boldsymbol{M}$ 的过程为求解如下目标函数的最优解:

$$\min \sum_{j \to i} \left[d_M(\boldsymbol{I}_i, \boldsymbol{I}_j) + \lambda \sum_l (1 - y_{il}) \varepsilon_{ijl} \right] \tag{3.7}$$

约束条件:

$$\text{s. t.} \begin{cases} ① \ d_M(\boldsymbol{I}_i - \boldsymbol{I}_l) - d_M(\boldsymbol{I}_i - \boldsymbol{I}_j) \geq 1 - \varepsilon_{ijl} \\ ② \ \varepsilon_{ijl} \geq 0 \\ ③ \ \boldsymbol{M} \geq 0 \end{cases}$$

式中:$j \to i$ 为 $\boldsymbol{I}_j$ 为 $\boldsymbol{I}_i$ 的目标近邻样本;$\lambda \in [0, 1]$ 为权重参数。条件①表示抑制不同节点区域的样本 $\boldsymbol{I}_l$ 侵入样本 $\boldsymbol{I}_i$ 与 $\boldsymbol{I}_j$ 所属的节点区域;条件②利用正数 ε_{ijl} 扩大解的可行域;条件③表示度量矩阵 $\boldsymbol{M}$ 为正定矩阵。实质上,$d_M(\boldsymbol{I}_i, \boldsymbol{I}_j)$ 与度量矩阵 $\boldsymbol{M}$ 呈线性关系,其最优解可通过半正定规划获得。

3.2.2 一维拓扑图的节点特征识别算法

在一维导航拓扑图中,节点依据空间的位置与环境特征自动编码为不同的空间尺度子节点序列,每个序列包含不同长度的图像,采用多种空间尺度相结合的方式,按照 Coarse-to-Fine 的匹配策略,完成节点特征识别。具体的多尺度识别算法过程如图 3.4 所示。

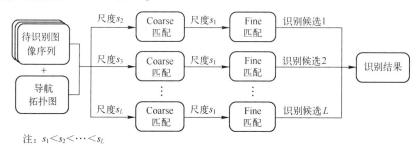

注:$s_1 < s_2 < \cdots < s_L$

图 3.4 一维拓扑图的自适应多尺度节点识别过程

  假设共有 L 个识别尺度,按照从小至大排列记为 $s_1 < s_2 < \cdots < s_L$,在 Coarse-to-Fine 的匹配过程中,最小的尺度 $s_{\min} = s_1$ 用于 Fine 匹配,其余 $L-1$ 个较大的尺度分别用做 Coarse 匹配,各 Coarse 匹配并行处理,产生了 $L-1$ 个识别候选结果,选取其中匹配相似程度最高,即特征匹配值最小的候选结果为最终识别结果。值得说明的是,识别尺度来自于拓扑导航图的编码结果,关于尺度个数 L 的确定原则将结合实验进行说明。

  在节点识别过程中,系统采取并行处理的方式进行 Coarse-to-Fine 匹配,具体的识别匹配过程如图 3.5 所示。下面以单个通道为例说明匹配识别过程。记 Coarse 匹配的尺度为 s_c,Fine 匹配的尺度为 $s_{\min}$,在 Coarse 匹配中,待识别的图像图序列长度为 s_c,拓扑图中所有节点包含的图像为 $T_j (j = 1, 2, \cdots, T)$,在特征识别空间内,利用度量矩阵 $\boldsymbol{M}$ 可得第 i 帧待识别图像与第 j 帧节点图像之间的特征匹配差值为 $D_M(i, j)$,则在 Coarse 匹配中图像的特征差值为

$$F(q) = \sum_{j=q}^{j=q+s_c-1} D_M(j - q + 1, j), \ \forall q \in [1, T - s_c + 1] \tag{3.8}$$

式中:q 为 Coarse 匹配的搜索变量。

  在匹配搜索的过程中,取特征差值最小时的搜索值为 Coarse 匹配的识别结果,即

$$H = \underset{q}{\arg\min} F(q) \tag{3.9}$$

此时,对应的匹配差值为 $F(H)$。

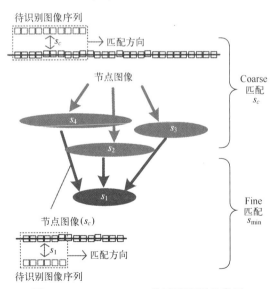

图 3.5 Coarse-to-Fine 的匹配识别示意图

在 Fine 匹配中,进行识别的尺度为最小尺度,以保证在 Coarse 匹配的识别区域内获取更为准确可信的识别结果。在 Coarse 的识别结果中,进行 Fine 匹配区域为 $[H, H+s_c-1]$,则在 Fine 匹配中图像的特征差值为

$$F(p) = \sum_{j=p}^{j=p+s_{min}-1} D_M(j-p+1, j), \ \forall p \in [H, H+s_c-s_{min}] \quad (3.10)$$

式中:p 为 Fine 匹配的搜索变量,对应的候选匹配结果为

$$Y = \arg\min_p F(p) \quad (3.11)$$

则使用 $L-1$ 尺度通道进行识别,会产生 $L-1$ 个候选识别结果,选取其中具有最小匹配值的为最终识别结果,即

$$Y_0(\text{final}) = \arg\min_m (F(Y_m)), \ \forall m \in [1, L-1] \quad (3.12)$$

总结上述过程,则一维拓扑图的节点特征识别算法流程见表 3.1。

表 3.1　一维拓扑图的节点识别算法流程

步骤 0:初始化

识别尺度 $\{s_1, s_2, \cdots, s_L\}$,其中最小尺度 $s_{min} = s_1$,最大尺度为 s_L,所有节点区域的图像为 $T_j(j = 1, 2, \cdots, T)$

步骤 1:Coarse-to-Fine 匹配识别

Coarse 匹配:对每个较大尺度 $s_c(c = 2, 3, \cdots, L)$,在所有节点图像 $T_j(j = 1, 2, \cdots, T)$ 中计算待识别图像序列与节点图像序列的特征差值,并得到 Coarse 识别结果,见式(3.8)、式(3.9);

Fine 匹配:根据每个 Coarse 识别结果得到 Fine 匹配区域 $[H, H+s_c-1]$,利用最小尺度 s_{min} 计算待识别图像序列与节点图像序列的特征差值,并得到 Fine 识别结果,见式(3.10)、式(3.11)。

步骤 2:获取识别结果

选取 $L-1$ 候选识别结果(Fine 识别结果)中具有最小特征匹配差值的为最终识别结果,见式(3.12)

3.2.3　二维拓扑图的节点特征识别算法

在二维拓扑导航图中,拓扑子节点以固定间隔呈网状分布,每个子节点所对应的区域具有多种不同的空间尺度来描述。在进行场景识别时,先在不同空间尺度下,将待识别目标场景依次与不同的拓扑子节点比较,生成不同尺度下的匹配相关图,待识别目标场景与节点的场景越相似,相关性越强,识别的正确度也越高;然后利用载体的相对运动信息,使用序列图像辅助当前目标场景的识别;最后融合不同尺度下的匹配相关图,选取相关性高的区域为最终识别结果。上述识别过程如图 3.6 所示。

二维拓扑节点的识别尺度就是导航拓扑图中子节点的编码尺度,即 $\{d_G^1,$

$d_G^2, \cdots, d_G^N$,由于不同空间尺度的图像区域大小不同,对应的图像特征(SIFT 特征)维数也不同,因此需要对不同空间尺度的特征向量进行归一化描述,采用费舍尔向量(Fisher Vector)实现图像特征向量的归一化描述。二维拓扑节点呈网格状分布,每个节点识别区域的中心位置坐标为(x, y),图像特征归一化的空间尺度为d_G^n,则相应的空间特征向量可记为$\boldsymbol{V}(x, y, d_G^n)$。

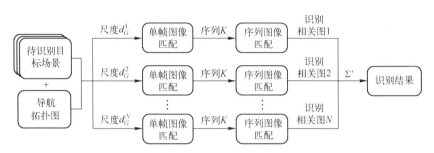

图 3.6　二维拓扑图的多尺度序列图像匹配识别过程

拓扑子节点的单尺度匹配识别示意图如图 3.7 所示。假设目标识别的子节点个数为 $m \times m$ 个,各子节点区域的特征向量记为$\{\boldsymbol{V}_R(x^{ij}, y^{ij}, d_G^n)\}_{m \times m}$,待识别区域图像特征为$\boldsymbol{V}_T(x^p, y^p, d_G^n)$,则待识别区域图像特征与所有目标节点区域图像特征的差值为

$$\boldsymbol{D}(x^{ij}, y^{ij}, d_G^n) = (\|\boldsymbol{V}_T(x^p, y^p, d_G^n) - \boldsymbol{V}_R(x^{ij}, y^{ij}, d_G^n)\|)_{m \times m} \qquad (3.13)$$

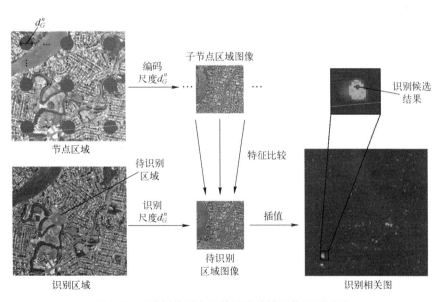

图 3.7　二维拓扑图中的单尺度单帧图像识别过程

由于各子节点按照一定间隔离散分布图像匹配差值也离散分布,相应的识别相关图结构较为稀疏,为了提高识别定位精度,减小拓扑子节点的间隔带来的误差影响,获得结构比较稠密的识别相关图,但此种情况下会极大地增加构建拓扑图与识别拓扑节点的运算量和存储量。通过对稀疏分布的图像匹配差值进行线性插值而获取稠密分布的图像匹配差值,从而在保证运算效率的前提下尽可能提高识别定位精度。

$$稀疏(\boldsymbol{D}(x^{ij}, y^{ij}, d_G^n))_{m \times m} \xrightarrow{\text{插值}} 稠密(\boldsymbol{H}(x, y, d_G^n)) \quad (3.14)$$

为了克服因使用单帧图像识别的不确定性,利用连续的多帧图像序列匹配实现更为准确的识别结果,具体过程如图 3.8 所示。假设采用连续 K 帧图像序列进行识别匹配,$(\Delta x_k, \Delta y_k)$ 代表之前第 $t-k$ 时刻至当前 t 时刻,则最终的单尺度匹配差值矩阵为

$$\overline{\boldsymbol{H}}(x, y, d_G^n) = \boldsymbol{H}(x, y, d_G^n) + \sum_{k=1}^{K} \boldsymbol{H}(x_k + \Delta x_k, y_k + \Delta y_k, d_G^n) \quad (3.15)$$

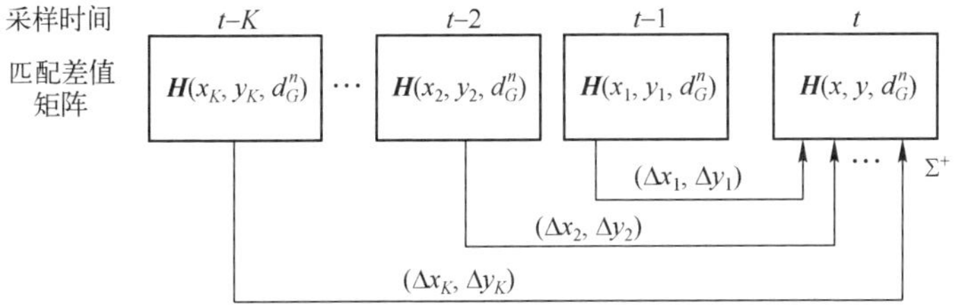

图 3.8　序列图像匹配识别过程

采用 N 个不同的空间尺度进行识别,不同的识别尺度下匹配差值矩阵的阶数相同但数值不同,融合不同尺度的匹配结果,以获取更为准确的识别结果,即

$$\boldsymbol{H}_s(x, y) = \sum_{n=1}^{N} \overline{\boldsymbol{H}}(x, y, d_G^n) \quad (3.16)$$

在融合的匹配差值矩阵 $\boldsymbol{H}_s$ 中,搜索最小配值对应的位置为最终识别位置,即

$$(x_f, y_f) = \underset{x, y}{\arg\min} \boldsymbol{H}_s(x, y) \quad (3.17)$$

则最终的识别位置区域为 $[x_f \pm s_v, y_f \pm s_v]$,$s_v$ 为识别结果的区域直径。

总结上述过程,则二维拓扑图的节点特征识别算法流程见表 3.2。

表 3.2　二维拓扑图的节点识别算法流程

步骤 0:初始化

识别尺度 $\{d_G^1, d_G^2, \cdots, d_G^N\}$,其中 $d_G^1 < d_G^2 < \cdots < d_G^N$,二维拓扑子节点 $(V_G(x, y))_{m \times m}$,识别结果的区域直径 s_v

（续）

步骤 1：单尺度图像序列匹配
在每个识别尺度下 d_G^n，分别计算待识别区域与所目标节点区域的图像特征差值矩阵 $D(x^{ij}, y^{ij}, d_G^n)$，通过线性插值，获取结构稠密的识别相关图以及相应的图像匹配差值矩阵 $H(x, y, d_G^n)$，参见式（3.13）、式（3.14）；采用连续 K 帧图像，通过载体的相对位移 $(\Delta x, \Delta y)$，获取单尺度序列匹配差值矩阵 $\overline{H}(x, y, d_G^n)$，见式（3.15）。
步骤 2：多尺度节点识别
融合 N 个不同空间尺度的插值矩阵 $H_s(x, y)$，搜索最小匹配差值所对应的位置为最终识别位置，相应的识别结果为 $[x_f \pm s_r, y_f \pm s_t]$，见式（3.16）、式（3.17）

3.3　匹配定位方法

　　在利用一维拓扑导航图时，地面无人作战平台可通过识别节点直接提取所包含的位置信息，从而确定自身的位置，而在利用二维导航拓扑图时，空中无人作战平台的运动不受道路等约束，但自身位置与所识别区域存在一定的转换关系，因此本节主要研究空中无人作战平台利用节点识别结果如何实现定位。

　　面向空中无人作战平台应用的识别匹配定位方法基本过程如图 3.9 所示，主要包含三个关键步骤：节点识别、特征点匹配和定位解算。正确地实现节点识别是进行匹配定位的关键和基础，特征点匹配主要是确定待识别图像区域与目标节点区域中特征点的对应关系，定位解算是主要利用平台的姿态信息、匹配特征点的图像坐标和地理坐标信息获取自身的地理位置信息。节点识别的相关内容已在上面陈述，下面将着重介绍后两个步骤。

图 3.9　识别匹配定位过程示意图

▶ 3.3.1　基于 RANSAC 的特征点匹配方法

　　如前面所述，在进行二维拓扑节点识别与特征点匹配时，选用 SIFT 特征算子对图像信息进行描述。特征点匹配主要包含两个步骤:第一步是提取 SIFT 特征点并匹配特征点;第二步是剔除误匹配点。在第一步中,SIFT 算法通过在尺度空间的极值检测而确定并提取关键点的特征,从而分别获得待识别图像与节点区域图像的典型特征点。对于待识别图像中的每个关键特征点,求取与节点区域图像中所有特征点之间的欧几里得距离,当最小距离扩大一定倍数 σ_p 后数值仍然最小,则接受所对应一对特征点,否则拒绝。可知,扩大倍数 σ_p 越大,能够确定的特征匹配点对数越少,但匹配的准确度越高。一般扩大倍数 σ_p 取 1.5。

虽然上述匹配过程能够提出一定的错误匹配点对,但对于空中很多应用场合,场景中的植被、河流和建筑物等典型特征在俯视视角下极其相似,很容易造成误匹配点对,因此需要进一步的处理,最大程度地剔除误匹配点对,以满足后续定位解算的条件。第二步采用随机采样一致性方法(Random Sample Consensus,RANSAC)[158] 进一步剔除错误的匹配点对。RANSAC 方法的基本思想是:对所获取的实验数据进行 N 次独立最小样本抽样,若抽样次数行 N 足够大,就可保证至少有一次抽样包含内点(即正确的匹配点对),用来估计模型参数,根据一定标准经过获取最优估计的模型参数,依此剔除外点(即错误的匹配点对),获取内点,用来计算评估模型的最终估计参数。结合第一步的匹配结果,第二步中的 RANSAC 法剔除误匹配点的基本流程如下:

(1)在匹配点对中,随机抽取能够满足估计模型参数所需最少个数 κ 的匹配点对,并估计模型参数;

(2)利用(1)的得到的模型验证所有匹配点对,得到模型误差,根据一定误差准则确定匹配点对的正确性;

(3)若(2)中正确的匹配点对的个数超过一定阈值 τ,则利用此时的估计参数剔除错误匹配点,计算错误匹配点对的比例 ε 和最小抽样次数 N;

(4)返回(1),直至重复次数达到最小抽样次数。

最小抽样次数 N 可由下式获得:

$$N=\frac{\lg(1-p)}{\lg(1-(1-\varepsilon)^{\kappa})} \tag{3.18}$$

式中:$p=0.99$ 为期望正确的概率。

 3.3.2 定位方法

利用单幅图像与目标节点的识别匹配结果进行定位的过程可归纳为视觉

定位中 PnP(Prespective-n-Point)问题[159]的求解。PnP 问题是指已知若干特征点的位置坐标以及对应在图像中的投影坐标,从而求解相机的位置和姿态的问题。理论已证明,PnP 问题有唯一解的条件是至少给定 4 个共面的特征点,并且其中任意三点不共线。

利用匹配特征点实现定位的过程与 PnP 问题的求解过程类似。首先定义导航系为 n 系,北东地;载体系为 b 系,前右下;图像坐标系 c 系,图像点的坐标为 (u,v),载体姿态由滚动角 r、俯仰角 θ 和航向角 ψ 决定。则定位解算的过程为:根据特征点的匹配结果,确定若干特征点的地理坐标 (x_n,y_n,z_n) 和对应的图像坐标 (u,v),求解平台自身的姿态矩阵 $\boldsymbol{C}_n^b$ 和平移向量 $\boldsymbol{T}_n^b$。

在 PnP 问题的求解过程中,已知点的个数和分布对结果影响较大。考虑到本书的应用背景为空中无人作战平台,相机与地面特征点的距离较远,匹配特征点的分布会比较集中,这样解算的姿态角精度难以保证,进而影响最终的定位结果。因此通过外部的惯性传感器和偏振光传感器获取姿态旋转矩阵 $\boldsymbol{C}_n^b$,其中水平角 r 和 θ 由惯性解算得到,航向角 ψ 可由偏振光定向。有关偏振光定向的内容将在第 4 章具体进行介绍,这样只需根据特征匹配点求解平移变换化 $\boldsymbol{T}_n^b$,即可实现空中无人作战平台的定位。

假设载体坐标系与相机坐标系重合,相机为小孔投影模型,则图像坐标与载体坐标之间的转换关系为

$$w\begin{bmatrix} u \\ v \\ 1 \end{bmatrix} = \begin{bmatrix} f & 0 & u_0 \\ 0 & f & v_0 \\ 0 & 0 & 1 \end{bmatrix} \boldsymbol{X}^b = \boldsymbol{K}_c \boldsymbol{X}^b \tag{3.19}$$

式中:$\boldsymbol{X}^b = \begin{bmatrix} x^b & y^b & z^b \end{bmatrix}^T$ 为特征点在载体 b 系的坐标;$\boldsymbol{X}^c = \begin{bmatrix} u & v \end{bmatrix}^T$ 为特征点在图像坐标系的坐标;$w = z^b$;$\boldsymbol{K}_c$ 为相机的内参数矩阵;f 为相机焦距;(u_0,v_0) 为图像中心坐标,可由标定获取。

载体坐标系与导航坐标系之间的转换关系为

$$\boldsymbol{X}^b = \boldsymbol{C}_n^b \boldsymbol{X}^n + \boldsymbol{T}_n^b \tag{3.20}$$

式中:$\boldsymbol{X}^n = \begin{bmatrix} x^n & y^n & z^n \end{bmatrix}^T$ 为特征点在导航 n 系的坐标。

将式(3.19)代入式(3.20),可得

$$w\begin{bmatrix} u \\ v \\ 1 \end{bmatrix} = \begin{bmatrix} \boldsymbol{K}_c \boldsymbol{C}_n^b & \boldsymbol{K}_c \boldsymbol{T}_n^b \end{bmatrix} \begin{bmatrix} \boldsymbol{X}^n \\ 1 \end{bmatrix} \tag{3.21}$$

令 $\boldsymbol{M} = \boldsymbol{K}_c \boldsymbol{C}_n^b$,$\boldsymbol{T} = \boldsymbol{K}_c \boldsymbol{T}_n^b$,整理上式可得

$$
\begin{bmatrix} -1 & 0 & u \\ 0 & -1 & v \end{bmatrix}
\begin{bmatrix} T_1 \\ T_2 \\ T_3 \end{bmatrix}
=
\begin{bmatrix}
(m_{11}-um_{31})x^n+(m_{12}-um_{32})y^n+(m_{13}-um_{33})z^n \\
(m_{21}-vm_{31})x^n+(m_{22}-vm_{32})y^n+(m_{23}-vm_{33})z^n
\end{bmatrix}
$$

$$(3.22)$$

由于未知数个数为 3,则至少需要 2 个正确匹配的特征点即可获取唯一解。得到 $\boldsymbol{T}_n^b$ 后,代入式(3.20)即可实现载体的定位。值得说明的是,所需点的个数减少,不仅会加快 PnP 问题的求解,也会提高 RANSAC 算法的计算效率。

3.4　节点识别算法实验验证

3.4.1　一维拓扑图的节点识别算法验证

使用两个不同场景的车载实验数据集对算法进行验证评估。第一个数据集为 St. Luica,其运行轨迹如图 3.10(a)所示,该数据集中车辆在同一路径共运行两次,分别在上午和下午,期间有明显的光强变化,上午采集的数据用于构建导航拓扑图,下午采集的数据集用于拓扑节点识别。在实验中,单目相机的输出频率为 15Hz,彩色图像分辨率为 640×360,根据第 2 章提供的导航拓扑图构建方法,车辆尽量保持匀速运行。由 GPS 提供里程计信息,输出频率为 1Hz,通过插值获取每帧图像的位置信息,相邻图像帧的间距约为 0.67m,运行的总里程为 2360m,包含 2577 帧图像,待识别图像为 1261 帧。第二个数据集为 Eyn-

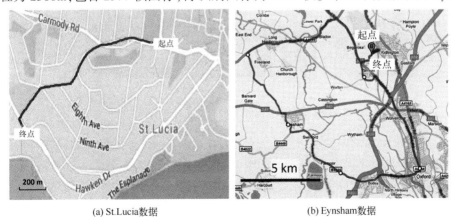

(a) St.Lucia数据　　　　(b) Eynsham数据

图 3.10　车载试验运行轨迹

sham,该数据集在大尺度、远距离的环境中获取,运行轨迹如图 3.10(b)所示,共包含运行两圈,每圈长度为 35km,分别用于拓扑图的构建与节点的识别。实验相机为全景相机,每间隔约 7m 进行一次采样,全景照片的分辨率为 256×240,运行总里程为 70km(2×35km),共采集 9575 帧图像,待识别图像为 4786帧。车载数据集的示例图像如图 3.11 所示。

(a) St.Lucia数据集

(b) Eynsham数据集

图 3.11　车载试验数据集的示例图像

在一维拓扑节点识别验证实验中,采用 Gray 与 GIST 两种全局特征对算法性能进行评估,并采用主成分分析[160](Principal Component Analysis,PCA)对特征向量进行降维,以提高运算效率。如前面所述,由于图像单元的间隔固定,选取拓扑图中前 L 个编码尺度所对应的图像序列长度为识别尺度,具体识别参数见表 3.3。根据第 2 章中拓扑图的构建可知,本识别算法中的拓扑节点依据空间环境的自然类属性而自动确定,所表示的空间编码与识别尺度具有自适应的优势,因此为表达方便,本方法简称为 AMS[64](Adaptive Multiple Scales)识别算法。在进行结果评估时,分别与单尺度识别算法——SeqSLAM[58, 153] 法(Squence SLAM)、FABMAP[56, 154]法(Fast Appearance-based Mapping)以及固定多尺度识别算法——FMS 法(Fixed Multi-scale Place Recognition)[63] 比较,充分验证算法的识别性能。

表 3.3　一维拓扑图的节点识别参数表

项　　目	参　　数	数　　值	描　　述
图像特征	GIST	—	全局图像特征向量,经 PCA 后,维数降为 300
	Grayscale	—	全局图像特征向量,经 PCA 后,维数降为 500
识别参数	Δ_l	St. Lucia:0. 67m Eynsham:7m	相邻图像单元间隔
	L	6	识别尺度个数
	$\{s\}_L$	St. Lucia:{4,8,12,18,24,32} Eynsham:{6,10,14,21,32,52}	识别尺度,由于图像间隔固定,故用图像序列帧数表示识别的空间尺度
	$s_{\min}$	St. Lucia:4 帧 Eynsham:6 帧	最小识别尺度,分别对应的空间尺度约为 2m 和 40m
	Δ_p	St. Lucia:2m Eynsham:40m	有效识别距离,当识别结果的位置与参考位置的距离小于 Δ_p 时,则认为识别结果正确,否则,识别错误

1. 识别结果对比

图 3. 12 与图 3. 13 为在两个数据集中不同识别算法的对比结果。图中黑色实线(AMS-GIST)和灰色实线(AMS-Gray)为本书算法的识别结果。首先与单尺度识别算法比较,在 St. Lucia 数据集中,使用 GIST 特征时,AMS 算法与 FMS 算法的识别准确率以及 AUC(曲线下面积)结果明显优于 SeqSLAM 法和 FABMAP 法(图(b)中的后两个柱形图);在 Eynsham 数据集中,AMS 算法的最大查全率 $R_{\max}$ 为 78%,明显高于其他两种算法(SeqSLAM 法为 51%,FABMAP 法为 49%)。表明相比于单尺度识别,多尺度识别能够获取更好的识别结果。其次与固定多尺度识别算法相比,AMS 法能够明显提高识别性能。在 St. Lucia 数据集中(图 3.12),当使用 GIST 特征时,AUC 提高了 26%,并且最大查全率 $R_{\max}$ 由 0 提高至 4.5%;当使用 Gray 特征时,AUC 也提高了 21%。在 Eynsham 数据集中,当使用 Gray 特征时,AUC 从 90% 提高至 95%,最大查全率 $R_{\max}$ 由 4% 提高至 16%;当使用 GIST 特征时,两种算法的 AUC 均接近于 1,提升不是明显,而最大查全率则从 47% 提高至 78%。

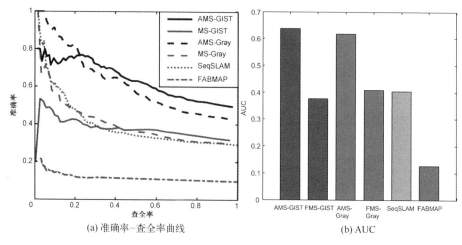

(a) 准确率-查全率曲线   (b) AUC

图 3.12　St. Lucia 数据集的识别结果对比

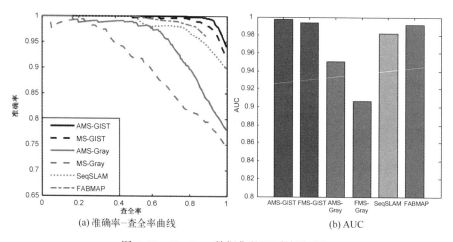

(a) 准确率-查全率曲线   (b) AUC

图 3.13　Eynsham 数据集的识别结果对比

此外,图像特征也是影响识别性能的重要因素。例如,在 Eynsham 数据集中,AMS 算法使用 GIST 特征的结果优于使用 Gray 特征。并且 AMS 算法在 St. Lucia 数据集中的识别性能提升优于在 Eynsham 数据集中,表明 AMS 算法的鲁棒性较强,能够适用于图像场景亮度变化较大的环境。

2. 性能提升分析

识别算法的性能与所用导航拓扑图的结构密切相关。由第 2 章中导航拓扑图的特性分析可知,在 AMS 算法中,拓扑图中节点的空间尺度由环境的自然类属性而确定,具有自适应的特点,能够完整准确地表达环境结构,而在 FMS 算法中,节点的空间尺度由人为设定,为固定不变的常值,这样会破坏环境的自然类属性,所构建的拓扑结构不利于节点识别,此分析得到了验证。以 St. Lucia 数据集为例,当两种算法使用相同的单尺度进行识别时,结果如图 3.14 所示,可见无论用 GIST 特征或 Gray 特征,AMS 算法的单尺度识别性能均优于 FMS 算法,表明识别算法的性能与拓扑图中节点的尺度结构密切相关,依据环境类属性而建立的自适应尺度节点更能完整准确地表达环境结构,也有利于节点的识别,因此自适应多尺度的(AMS 法)的识别结果明显优于固定多尺度识别算法(FMS 发),如图 3.14 中实线所示。使用 Eynsham 数据集,结果如图 3.15 所示,也可得到类似的结论。

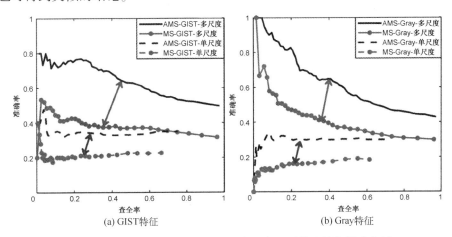

图 3.14　St. Lucia 数据集中自适应多尺度识别算法性能提升分析

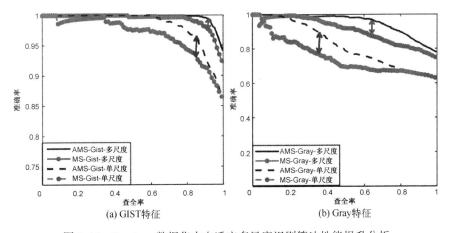

图 3.15　Eynsham 数据集中自适应多尺度识别算法性能提升分析

3. 识别参数分析

空间尺度是影响最终识别结果的关键因素。由前面可知,一维拓扑节点的识别尺度由导航拓扑节点的编码尺度确定,一般可按照尺度大小顺序选取,而选取的个数则成为影响识别结果的关键,以下给出了 AMS 算法在不同的识别尺度个数时的识别结果。在 St. Lucia 数据集中,结果如图 3.16 所示,可见无论使用 GIST 特征或 Grayscale 特征,识别尺度个数越多,结果性能越好(AUC 越高),但当尺度个数超过 6 时,性能提升不是很明显。类似的结果也出现在 Eynshams 数据集中,如图 3.17 所示。由于在 St. Lucia 数据集中,识别结果的最大查全率接近 0,故仅给出了在 Eynsham 数据集中的结果。从图 3.18 也可看出,随着识别尺度个数的增多,最大查全率变大,但增大的幅度减小。上述结果表明,使用多的识别尺度会获取较好的识别结果,但超过一定上限,随着尺度个数的增多,识别性能的提升幅度不明显。此外,在上述的识别算法中,虽然识别过程为并行处理,但随着尺度个数的增多,必然会带来较大的计算成本,因此在实际识别中应综合考虑识别性能与计算效率来确定识别尺度个数。根据上述实验结果,系统达到最优识别性能的尺度个数为 6。在算法的计算效率方面,无论单尺度识别算法(SeqSLAM 法、FABMAP 法)还是多尺度识别算法(FMS 法、AMS 法),均需要在拓扑节点的图像中进行搜索匹配,其运算时间与节点图像总数呈近似正比关系[56,58,63,64],即节点图像总数越多,搜索匹配的范围越大,识别运算效率越低。为了满足系统的实时性需求,硬件上采用并行运行能力强的处理器,软件上可通过减小搜索范围提高算法运算效率。关于如何减小识别算法的搜索范围将在后续章节进行详细介绍。

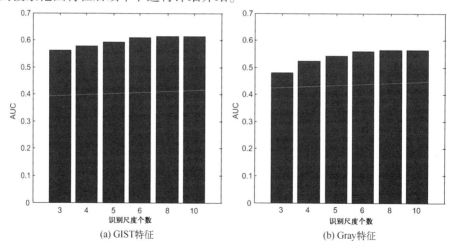

(a) GIST特征　　　　　　　　　(b) Gray特征

图 3.16　St. Lucia 数据集中不同识别尺度的 AUC

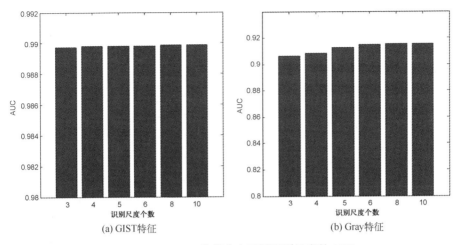

图 3.17　Eynsham 数据集中不同识别尺度的 AUC

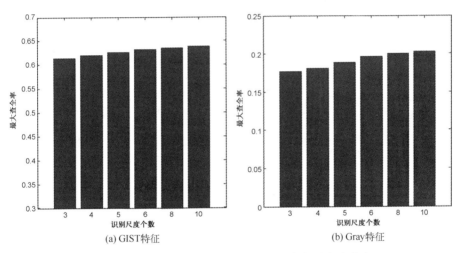

图 3.18　Eynsham 数据集中不同识别尺度的最大查全率

3.4.2　二维拓扑图的节点识别算法验证

　　本节通过构建两组区域范围不同的卫星地图来验证上述的二维识别算法,每组实验数据集包含有两个不同时刻(冬季和夏季)的地图,分别用于拓扑图的构建和拓扑节点的识别。第一组数据集为城市环境航拍图,称为 Brsibane 数据集,对应区域面积为 24km×24km,平台按照预定轨迹匀速平飞,速度为 35m/s,飞行过程中平台姿态保持水平,具体区域及运动轨迹如图 3.19(a)所示,共有2000 张待识别图像;第二组数据集为大范围的城郊环境航拍图,为 Sydney 数据集,对应区域面积为 60km×60km,平台按照预定轨迹平飞,速度约为 40m/s,具体飞行区域及运动轨迹如图 3.19(b)所示,也共有 2000 张测试图像。航拍地图的示例图像如图 3.20 所示。

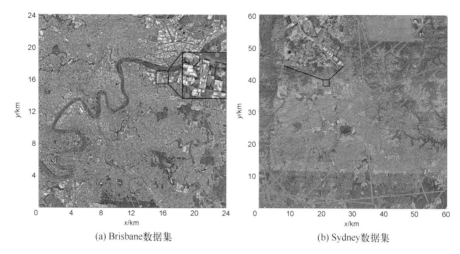

(a) Brisbane数据集   (b) Sydney数据集

图 3.19   飞行试验数据集

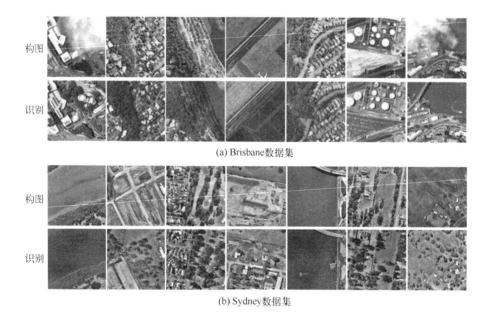

(a) Brisbane数据集

(b) Sydney数据集

图 3.20   航拍地图的示例图像

在二维拓扑节点识别验证实验中,采用 SIFT 局部特征对算法进行评估,对于不同空间尺度而引起的特征维数不同,采用费舍尔向量实现 SIFT 特征向量的归一化描述。首先按照第 2 章的相关内容,利用冬季的区域地图构建多尺度二维导航拓图;然后采用第 3 章的二维拓扑节点识别方法,对夏季区域地图中的待识别图像进行识别,具体参数见表 3.4。

表 3.4　二维拓扑图的节点识别参数表

项　　目	参　数	数　　值	描　　述
图像特征	SIFT	—	局部图像特征向量,128 维
识别参数	Δ_r	Brisbane:40m Sydney:100m	网格间距
	N	5	识别尺度个数
	$\{d_G\}_N$	Brisbane:{50m,80m, 140m,220m,350m} Sydney:{120m,160m, 200m,360m,480m}	节点编码与识别尺度,表示直径为 d_G 的圆形区域
	δ_G	Brisbane:0.20~0.88 Sydney:0.17~0.79	拓扑图的稠密度,表示节点区域的重叠程度,越大则重叠区域越多,反之亦然
	K	1~15 帧	序列匹配图像的帧数
	Δ_p	Brisbane:60m Sydney:80m	有效识别距离,当识别结果的位置与参考位置的距离小于 Δ_p 时,则认为识别结果正确,否则,识别错误
	s_v	60m	识别结果的区域直径

1. 单尺度识别结果对比

图 3.21 为使用单个空间尺度的识别结果,其中"Scale one"表示识别尺度 d_G^1 在 Brisbane 数据集为 50m,在 Sydney 数据集中为 120m,按照参数表 3.4 中的 $\{d_G\}_N$ 依次类推。从两个数据集的识别结果中可以看出,当使用较大的识别尺度时,算法识别结果的准确率较高。图 3.22 为继续增大尺度的识别 AUC 结果,可以看出随着识别尺度的增大,算法识别的 AUC 变大,但超过一定尺度上限后,识别的 AUC 结果有一定幅度下降。由第 2 章拓扑图的特性分析可知,在网格间距固定时,随着识别尺度(编码尺度)增大,拓扑图的结构越稠密,表明待识别图像与节点图像进行匹配的区域越大,因此会提高识别的正确率。此外,随着使用识别尺度的变大,相应的节点编码尺度也会越大,待识别图像的定位区域范围与误差会变大,并且当识别尺度超过一定上限后,识别的正确率提高并不明显。总之,算法识别的正确率与拓扑图结构的稠密度有关,在一定范围内,拓扑图的稠密度越高,算法识别的正确率也越高。依据当前的识别结果,综合考虑识别的正确率与定位区域范围,拓扑图的稠密度 $\delta_G \in [0.17, 0.88]$ 较为合适,由此可根据节点间距获取性能最佳的识别尺度。

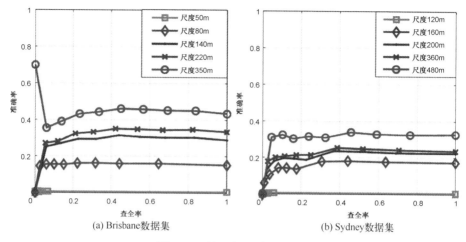

图 3.21　单尺度识别结果对比

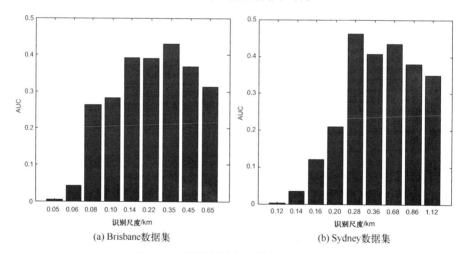

图 3.22　不同单尺度识别的 AUC 结果

2. 多尺度识别结果对比

二维节点识别算法的性能与尺度个数密切相关。图 3.23 所示为使用不同个识别尺度时的识别结果。在结果中,识别尺度集合为 $\{d_G\}_N$,具体参数如表 3.4 所列,"One scale"表示使用 d_G^1 进行识别,"Two scale"表示使用 d_G^1 和 d_G^2,依此类推。从图 3.23 中可看出,与单尺度识别结果相比,多尺度可明显提高算法识别的正确率,在两组数据集的 AUC 结果中,分别从近似为 0 提高至 78% 和 63%,图 3.24 为单尺度与多尺度的识别结果示例,其中虚线框内图像表示错误的识别结果,实线框内图像表示正确的识别结果。比较多尺度之间的识别结果可得,使用较多的识别尺度可提高算法的正确率,但随着使用识别尺度个数的增多,算法性能提升幅度下降,并且使用较多的识别尺度会降低算法的运算效率。因此在实际运算中,可使用多个尺度进行识别,但尺度个数不宜过多,本书后续多尺度算法中采用 5 个左右的尺度进行识别。

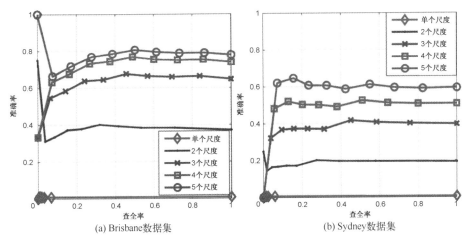

图 3.23　多尺度识别结果对比

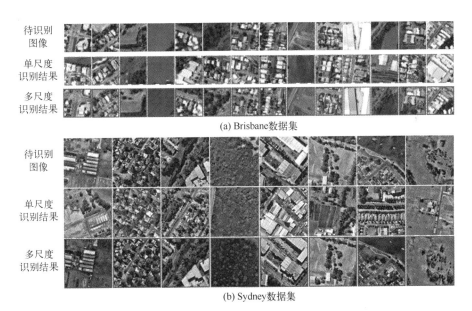

图 3.24　单尺度与多尺度识别示例

3. 多尺度序列匹配结果对比

在多尺度序列图像匹配识别算法中,图像序列的长度是决定算法识别正确率的关键因素。图 3.26 给出了不同长度的图像序列时多尺度识别算法的结果对比。从图中可看出,与单帧(1 帧)图像的多尺度识别算法结果相比,多帧(5~15 帧)图像序列的多尺度识别算法明显能够提升识别的正确率,具体识别示例如图 3.26 所示,图中其中虚线框内图像表示错误的识别结果,实线框内图像表示正确的识别结果。此外,随着进行匹配的图像序列长度的变大,多尺度的算法性能越好,但过多的图像序列并不能明显提升算法的性能,如图 3.25(a) 中10 帧线与 15 帧线的结果所示。在考虑算法的运算效率的情况下,建议图像序列长度取 5~10 帧。

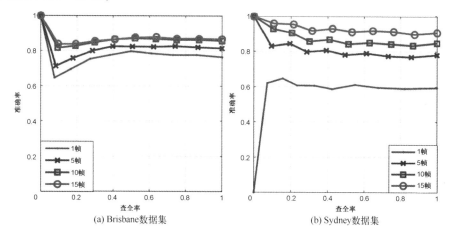

图 3.25　不同长度图像序列的多尺度识别结果对比

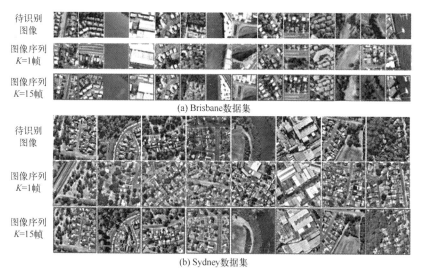

图 3.26　不同长度图像序列的多尺度识别结果示例

3.5　本章小结

本章根据导航拓扑图的结构特点以及节点的特征信息,结合一维与二维导航拓扑图,分别提出了一种面向地面无人作战平台应用的自适应多尺度节点识别算法和一种面向空中无人作战平台应用的多尺度序列图像匹配识别算法;其次研究了利用识别结果进行匹配定位的方法;最后通过车载实验和飞行仿真实验对识别算法进行了验证。主要结论如下:

(1) 基于机器学习 LMNN 算法所构建的特征识别空间能够有效地重构导航拓扑图的表达结构,使得同一节点区域内的特征信息分布更加紧凑,不同节点区域的特征分布更加松散,可有效地提高节点识别算法的正确率。

(2) 基于自适应多尺度的节点识别算法利用多种识别尺度,采用 Coarse-to-Fine 的识别匹配策略,保证了识别结果的确定性和准确性:与单尺度识别算法(SeqSLAM 法,FABMAP 法)相比,采用多种空间尺度的位置识别算法可有效避免节点识别混淆的问题,从而提高算法识别的正确率;与固定多尺度识别算法(FMS)相比,拓扑节点的空间编码尺度与节点识别尺度可由外部环境特征的自然类属性而确定,其表达的环境结构更为合理准确,也能够提升节点识别算法的性能。

(3) 基于多尺度序列图像匹配的节点识别算法利用连续多帧序列图像进行多尺度的识别,以保证获取更为准确的识别结果。飞行仿真实验表明:增加识别尺度个数,可使得待识别图像与节点区域图像充分匹配,进而提高算法识别的正确率;采用序列图像进行多尺度匹配,可有效克服图像识别的不确定性,并且随着序列长度的变长,算法的性能提升越明显,识别结果的正确率也越高。

(4) 基于节点识别的匹配定位算法利用微惯性传感器和偏振光传感器所提供的姿态信息,有效降低了 PnP 问题求解得复杂度,该算法仅至少需要 2 个匹配特征点的地理坐标和图像坐标即可实现定位,为平台的自主导航提供有效的位置约束。

第4章 多目偏振视觉/惯性组合定向方法

太阳光经过大气散射,在天空中形成规律分布的且包含方向指示信息的大气偏振模式,自然界的部分昆虫和候鸟利用复眼感知此种偏振模式,引导自身完成觅食或返巢等活动[161, 162]。模拟生物感知偏振光的复眼结构,实现对全天域偏振光的精细化测量,进而获取准确的方向信息将是本章的重点研究内容。

本章主要研究多目偏振视觉航向传感器的标定以及偏振光/惯性组合定向技术,以保证为仿生导航算法提供准确的航向约束。首先介绍了大气偏振模型及其基本性质,建立了仿生偏振光定向模型;然后自研了多目偏振视觉航向传感器,针对测量误差模型,研究了传感器的标定方法;最后详细推导了偏振光/惯性组合定向算法,研究了偏振图像的噪声抑制方法和偏振光定向模糊度求解方法,并对定向算法误差进行了分析,设计了静态转动实验与动态车载实验对算法进行验证。

4.1 大气偏振模型及偏振光定向原理

▶ 4.1.1 大气偏振模型

从波动光学可知,光是一种电磁波。电磁波中的电场振动矢量 E 和磁场振动矢量 H 均与光的传播速度方向垂直,故光波也是横波。在横波传播过程中,与外界固体粒子发生碰撞,会改变光的振动状态,产生某一振动方向占优的光,即为偏振光,一般用偏振度描述光的偏振程度。在自然光中,各个振动方向的幅度和强度均相同,故偏振度为 0。

太阳光在未进入大气层之前,是非偏振的自然光。由于大气中的气体分子和悬浮粒子(气溶胶粒子、云层等)均会对太阳光产生散射作用,会改变光的振动状态,从而产生了天空偏振光。自然光在大气中的散射特性可用 Rayleigh 散射描述,具体如图 4.1 所示[78]。

由 Rayleigh 散射模型可知,散射光的强度与波长的四次方成反比,即波长越长,散射强度越弱,因此与红外光和微波相比,可见光的波长更短,其产生的

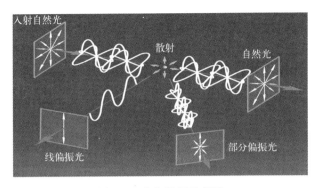

图 4.1　大气散射示意图

散射强度其主导作用,并且蓝光产生的强度最大,故天空呈蓝色。经过 Rayleigh 散射后,散射光强度的水平分量 I_r 和垂直分量 I_l 并不相等,并且垂直方向的光矢量最大,即自然光经 Rayleigh 散射后的偏振光振动方向始终垂直于散射面。散射后偏振光的偏振度为

$$d = \left| \frac{I_r(\theta) - I_l(\theta)}{I_r(\theta) + I_l(\theta)} \right| = \frac{\sin^2(\theta)}{1 + \cos^2(\theta)} \tag{4.1}$$

式中:θ 为散射角。

由式(4.1)可知,当 $\theta = 90°$ 或 $270°$ 时,偏振度 $d = 1$,此时散射光为线偏振光;当 $\theta = 0°$ 或 $180°$ 时,偏振度 $d = 0$,此时散射光为自然光;当 θ 为其他角度时,散射光为部分偏振光。

自然光在大气散射后,偏振光的分布具有特定的规律:在不同的地点和时段,偏振度与偏振角各不相同;而在相同时段、相同地点,观测的大气偏振光强度和偏振角具有很好的重复性,这就形成了包含大量方向信息的大气偏振模式分布图,也被称为天空的指纹,具体如图 4.2 所示[163]。以观测者为中心,正上

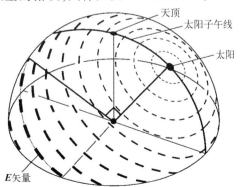

图 4.2　标准 Rayleigh 散射的大气偏振模型

方为天顶点,通过太阳和天顶点的环线称为太阳子午线,各虚线圆环的切线方向和线宽分别代表该点最大矢量 E 的振动方向和偏振度大小,同一虚线圆环具有相同的散射角,故偏振度的大小相同。随着散射角从 0° 增至 90°,偏振度随之变大,并且天空的偏振态分布关于太阳子午线对称。

4.1.2 仿生偏振光定向原理

自然界的沙蚁、蜜蜂等昆虫正是利用天空大气偏振模式分布的特殊规律,获取自身的方向信息,完成觅食、返巢等导航活动。根据标准 Rayleigh 散射模型可知,天空偏振光的最大矢量 E 振动方向按照一定规律分布,并且整个矢量 E 分布相对于太阳固定不变,具体来说,天空观测点处偏振光的最大矢量 E 振动方向垂直于由观测者、天空观测点以及太阳所构成的观测平面,正是基于此特殊的几何关系,使用偏振传感器测量观测点偏振光的最大矢量 E 振动方向,通过一定解算即可获取载体的航向角。

仿生偏振光定向原理的示意图如图 4.3 所示,相关的坐标系按照右手法则定义如下。

(1) O_b-$X_bY_bZ_b$:载体坐标系(b 系),各坐标轴方向依次为前右下。

(2) O_i-$X_iY_iZ_i$:入射光坐标系(i 系),Z_i 轴指向入射光方向,X_i 轴位于垂直平面 O_bPP' 内,Y_i 轴按照右手法则即可获得。为表达简洁,图中省略 Y_i 轴。

(3) O_n-$X_nY_nZ_n$:导航坐标系(n 系),中心点 O_n 与 O_b 重合,三个轴分别指向地理北向、东向和地向。为表达简洁,Y_n 轴和 Z_n 轴省略。X_n 轴与 X_b 轴之间的夹角即为本书所求的航向角 ψ。

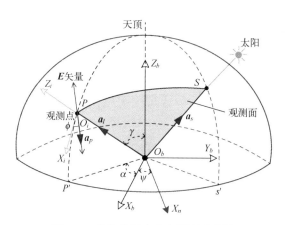

图 4.3　仿生偏振光定向原理示意图

根据标准 Rayleigh 散射模型所得的特殊几何关系,仿生偏振光定向的基本原理模型可表达为

$$a_p = s \cdot a_l \times a_s \qquad (4.2)$$

式中:a_p 为观测点偏振光最大矢量 E 振动方向的单位矢量,其与 X_i 轴之间的夹角即为观测的偏振角;a_l 为观测方向的单位矢量,其由观测点的偏轴角 γ 和方位角 α 确定;a_s 为太阳方向的单位矢量,与观测时间、地理位置有关。查询天文星历即可获取太阳高度角 h_s 和太阳方位角 a_s,s 表示是两边模相等的系数。

利用偏振传感器测量偏振角 ϕ 以及其他相关量,通过式(4.2)即可获取载体的航向角。为了说明定向原理,假设载体保持水平,观测方向的单位矢量 a_l 与 Z_b 轴重合,X_i 轴与 X_b 轴重合,则在 $X_b O_b Y_b$ 平面内,偏振光最大矢量 E 的投影与太阳方向矢量 a_s 的投影相互垂直,则通过几何关系可得

$$\psi = -\left(a_s - \phi - \frac{\pi}{2}\right) 或 \psi = -\left(a_s - \phi + \frac{\pi}{2}\right) \qquad (4.3)$$

从上述的偏振光定向原理可知:一方面,准确测量观测点的偏振角是实现偏振光定向的基础,另一方面,在载体运动过程中,水平姿态难以保持,需要载体的水平角信息,可利用惯性传感器,与偏振光传感器测量的偏振角相结合,才能实现三维空间内的组合定向,具体过程在后面详细阐述。

4.2 多目偏振视觉航向传感器测量与标定方法

仿照自然界昆虫感知天空偏振光的复眼结构,设计多目偏振视觉航向传感器,实现全天域偏振模态的精细化测量,为实现精确的偏振光定向提供基础。本节主要介绍课题组自研的多目偏振视觉航向传感器测量和标定方法。

▶ 4.2.1 多目偏振视觉航向传感器的测量方法

多目偏振视觉航向传感器主要包含有四个测量单元,每个测量单元由广角镜头(F1.4~F1.6,焦距 3.5mm)、线偏振片和 CCD 相机(GC1031CP,Smartek)组成,其结构如图 4.4 所示,四个测量单元按照方形排列,能够减小不同相机的视差,使得重叠视场足够大。各 CCD 相机的分辨率为 1034×778,视角为 77°×57.7°,以 1 号测量单元中线偏振片的偏振方向为参考,则各线偏振片的安装角(即偏振方向与参考方向的夹角)分别为 0、$\frac{\pi}{4}$、$\frac{\pi}{2}$ 和 $\frac{3}{4}\pi$,如此安装角度能够减小测量噪声对偏振信息的影响。

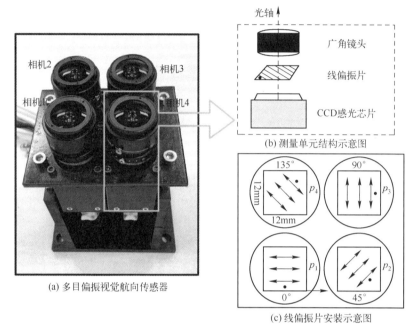

(a) 多目偏振视觉航向传感器

(b) 测量单元结构示意图

(c) 线偏振片安装示意图

图 4.4 多目偏振视觉航向传感器实物图及结构示意图

该传感器的四个测量单元由外部同步控制器触发采样,能够自动实时地对全天域偏振模式进行测量,从而获取天空的偏振角(Angle of the Polarization, AOP)和偏振度(Degree of the Polarization, DOP)信息。在单个测量单元中,忽略足够小的圆偏振光,则 CCD 相机主要测量线偏振光光强,其中任一像素的光强响应可表示为

$$I_j = 0.5 K_j I \left[1 + d\cos(2\phi - 2\alpha_j) \right], \quad j=1,2,3,4 \qquad (4.4)$$

式中:I_j 为像素的亮度值;K_j 和 α_j 分别为相机感光系数和偏振片的安装角度,其可由标定获得;I 为入射光光强;d 为观测点的偏振度;ϕ 为偏振角。

由式(4.4)可得,所求未知数共有三个为 I、d 和 ϕ,一般使用三个测量单元即可求得唯一解,而多目偏振视觉航向传感器具有四个测量单元,这样不仅能够利用冗余信息提高测量精度,也能提高传感器的测量可靠性。则重新展开式(4.4)可得

$$2I_j / K_j = I + Id\cos 2\phi \cos 2\alpha_j + Id\sin 2\phi \sin 2\alpha_j \qquad (4.5)$$

由于传感器中四个测量单元的偏振片安装角度不同,对应像素的亮度相应也不同,则四个单元的测量方程为

$$\begin{cases} 2I_1/K_1 = I + Id\cos2\phi\cos2\alpha_1 + Id\sin2\phi\sin2\alpha_1 \\ 2I_2/K_2 = I + Id\cos2\phi\cos2\alpha_2 + Id\sin2\phi\sin2\alpha_2 \\ 2I_3/K_3 = I + Id\cos2\phi\cos2\alpha_3 + Id\sin2\phi\sin2\alpha_3 \\ 2I_4/K_4 = I + Id\cos2\phi\cos2\alpha_4 + Id\sin2\phi\sin2\alpha_4 \end{cases} \tag{4.6}$$

转换为矩阵形式,即

$$AQ = U \tag{4.7}$$

式中:$A = \begin{bmatrix} \cos2\alpha_1 & \sin2\alpha_1 & 1 \\ \cos2\alpha_2 & \sin2\alpha_2 & 1 \\ \cos2\alpha_3 & \sin2\alpha_3 & 1 \\ \cos2\alpha_4 & \sin2\alpha_4 & 1 \end{bmatrix}$, $Q = \dfrac{1}{2}\begin{bmatrix} Id\cos2\phi \\ Id\sin2\phi \\ I \end{bmatrix}$, $U = \begin{bmatrix} I_1/K_1 \\ I_2/K_2 \\ I_3/K_3 \\ I_4/K_4 \end{bmatrix}$。

利用冗余的测量信息,使用最小二乘估计可得

$$Q = (A^{\mathrm{T}}A)^{-1}A^{\mathrm{T}}U \tag{4.8}$$

则偏振角 ϕ 和偏振度 d 可由下式计算:

$$\phi = 0.5\arctan(q_2/q_1) \tag{4.9}$$

$$d = \sqrt{q_1^2 + q_2^2}/q_3 \tag{4.10}$$

式中:q_1、q_2 和 q_3 为 Q 的向量元素。实际上,这些元素也为入射光的斯托克斯参数。

4.2.2 多目偏振视觉航向传感器的误差模型

在多目偏振视觉航向传感器中,各相机的制造性能以及偏振片安装均会对传感器的偏振测量带来误差。总结影响传感器测量精度的误差主要有两类:相机 CCD 感光系数的非一致性误差和线偏振片安装角误差。

1) 相机 CCD 感光系数的非一致性误差

多目偏振视觉航向传感器共有四个测量单元,由于器件制造工艺的限制,四个相机 CCD 的感光系数无法保持一致。以 1 号与 2 号测量单元为例,在入射相同光强的自然光时,根据式(4.4)可得任一像素点的光强响应为

$$\begin{cases} I_1 = 0.5K_1I_0 \\ I_2 = 0.5K_2I_0 \end{cases} \tag{4.11}$$

式中:I_0 为恒定的入射光强;I_1 和 I_2 分别为两个相机的光强响应;K_1 和 K_2 分别为两个相机 CCD 的感光系数。

理论上,$K_1 = K_2$,然而受实际 CCD 制作工艺的影响,K_1 和 K_2 并不相同。为了保证各测量单元光强相应的一致性,本书以 1 号测量单元为参考,将其他测

量单元的光强转换至参考测量单元,则由式(4.11),可得

$$I_1 = \frac{K_1}{K_2} I_2 = \Delta_2 I_2 \tag{4.12}$$

式中:Δ_2 为 2 号测量单元的相机 CCD 感光系数的非一致性误差,以下简称"CCD 感光系数误差"。

2) 线偏振片安装角误差

线偏振片的安装角误差是指线偏振片的实际安装角与理论角度之间的误差,是影响偏振测量精度的主要误差。如图 4.4 所示,以 1 号测量单元中偏振片的偏振方向为参考,偏振片的理论安装角度分别为 0、$\frac{\pi}{4}$、$\frac{\pi}{2}$ 和 $\frac{3}{4}\pi$。由于安装误差,实际的安装角度为 0、$\frac{\pi}{4}+\varepsilon_2$、$\frac{\pi}{2}+\varepsilon_3$ 和 $\frac{3}{4}\pi+\varepsilon_4$,其中 $\varepsilon_2 \sim \varepsilon_4$ 分别表示其他三个偏振片的安装角误差。

综合这两个误差后,根据式(4.4)可得,每个传感器测量单元的输出为

$$\Delta_j \tilde{I}_j = 0.5 KI[\,1 + d\cos(2\phi - 2(\alpha_j + \varepsilon_j))\,]\,, j = 1,2,3,4 \tag{4.13}$$

式中:Δ_j 为各测量单元的 CCD 感光系数误差;ε_j 为各线偏振片的安装角误差。以 1 号测量单元为参考,则 $\Delta_1 = 1$,$\varepsilon_1 = 0$,$K = K_1$。

则传感器的偏振信息测量方程可重写为

$$\tilde{\phi} = 0.5 \arctan(\tilde{q}_2 / \tilde{q}_1) \tag{4.14}$$

$$\tilde{d} = \sqrt{\tilde{q}_1^2 + \tilde{q}_2^2} / \tilde{q}_3 \tag{4.15}$$

式中:$\tilde{\boldsymbol{Q}} = [\tilde{q}_1 \quad \tilde{q}_2 \quad \tilde{q}_3]^{\mathrm{T}}$,可由下式获得:

$$\tilde{\boldsymbol{Q}} = (\tilde{\boldsymbol{A}}^{\mathrm{T}} \tilde{\boldsymbol{A}})^{-1} \tilde{\boldsymbol{A}}^{\mathrm{T}} \tilde{\boldsymbol{U}} \tag{4.16}$$

式中:$\tilde{\boldsymbol{A}} = \begin{bmatrix} \cos 2\alpha_1 & \sin 2\alpha_1 & 1 \\ \cos 2(\alpha_2 - \varepsilon_2) & \sin 2(\alpha_2 - \varepsilon_2) & 1 \\ \cos 2(\alpha_3 - \varepsilon_3) & \sin 2(\alpha_3 - \varepsilon_3) & 1 \\ \cos 2(\alpha_4 - \varepsilon_4) & \sin 2(\alpha_4 - \varepsilon_4) & 1 \end{bmatrix}$;$\tilde{\boldsymbol{Q}} = \frac{1}{2} \begin{bmatrix} KI\,\tilde{d}\cos 2\,\tilde{\phi} \\ KI\,\tilde{d}\sin 2\,\tilde{\phi} \\ KI \end{bmatrix}$;$\boldsymbol{U} = \begin{bmatrix} \tilde{I}_1 \\ \Delta_2\,\tilde{I}_2 \\ \Delta_3\,\tilde{I}_3 \\ \Delta_4\,\tilde{I}_4 \end{bmatrix}$。

通过标定确定 CCD 感光系数误差 $\Delta_2 \sim \Delta_4$ 和偏振片安装角误差 $\varepsilon_2 \sim \varepsilon_4$,才能可获取更加精确的偏振测量信息。

4.2.3 多目偏振视觉航向传感器的标定方法

1. 标定算法

多目偏振视觉航向传感器的标定主要是获取测量单元中 CCD 的感光系数误差 $\Delta_2 \sim \Delta_4$ 和线偏振片安装角误差 $\varepsilon_2 \sim \varepsilon_4$。标定实验装置如图 4.5 所示,首先

利用均匀积分球光源与线偏振片,产生标准的线偏振光源,然后将航向传感器安装在精密多齿分度转台(角度的精度可达 0.001°),随着转动不同的角度,传感器可通过测量不同的偏振信息而获取转动角度,以精密转台提供的角度为参考基准,设计基于 L-M(Levenberg-Marquardt)[164, 165]的多目偏振视觉航向传感器标定方法。有关传感器中各相机的内参数以及相机间的几何关系标定过程请参考文献[113]。

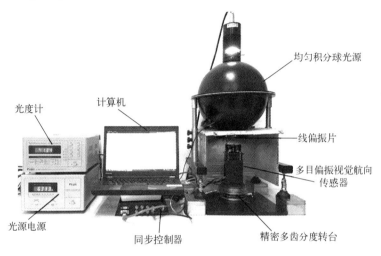

图4.5 多目偏振视觉航向传感器标定装置图

经过 m 次连续转动精密转台,由转动获取的转动角度记为 $\boldsymbol{\eta}_k$,同时偏振光传感器测量的转动角度为 $\widetilde{\boldsymbol{\phi}}_k$,设偏振光传感器的基准与精密转台之间的固定角度差为 $\Delta\boldsymbol{\phi}_0$,则第 k 次测量的转动角度残差为

$$r_k = \widetilde{\boldsymbol{\phi}}_k - \Delta\boldsymbol{\phi}_0 - \boldsymbol{\eta}_k \qquad (4.17)$$

考虑初始固定偏差角角 $\Delta\boldsymbol{\phi}_0$,结合标定参数,定义估计向量 $\boldsymbol{x}$ 为

$$\boldsymbol{x} = \begin{bmatrix} \Delta_2 & \Delta_3 & \Delta_4 & \varepsilon_2 & \varepsilon_3 & \varepsilon_4 & \Delta\boldsymbol{\phi}_0 \end{bmatrix}^{\mathrm{T}} \qquad (4.18)$$

在标定过程中,共有 m 次测量,则转动角度残差向量为

$$\boldsymbol{r}(\boldsymbol{x}) = \begin{bmatrix} r_1(\boldsymbol{x}) & r_2(\boldsymbol{x}) & \cdots & r_m(\boldsymbol{x}) \end{bmatrix}^{\mathrm{T}} \qquad (4.19)$$

由于 $\boldsymbol{x} \in R^7$,所以至少需要 7 次不同位置($m \geq 7$)的转动才能获取唯一解。根据上述描述,标定的目的是使得转动角度的残差最小,则可得求解参数的目标函数为

$$\min f(\boldsymbol{x}) = \frac{1}{2} \|\boldsymbol{r}(\boldsymbol{x})\| = \frac{1}{2} \sum_{k=1}^{m} r_i^2(\boldsymbol{x}) \qquad (4.20)$$

上述目标函数属于非线性最小二乘问题,可采用优化理论的方法进行解

决。为了避免求解中,利用 $r(x)$ 的雅可比矩阵运算的相关矩阵 $(\nabla r(x))^{\mathrm{T}} \nabla r(x)$ 出现奇异或病态[164, 165],采用广泛引用于工程领域的 L–M 优化算法。该算法是通过求解相关方程获取参数向量 x 的修正量 d,经过多次迭代更新,在满足一定误差条件下,输出最优的估计参数。对于第 i 次迭代,参数的修正量 d^i 可通过求解由如下方程获取:

$$\nabla r(x^i)^{\mathrm{T}} \nabla r(x^i) + \lambda^i d^i = -\nabla r(x^i)^{\mathrm{T}} r(x^i) \tag{4.21}$$

式中:λ^i 为阻尼系数。求解上式,则参数向量的更新方程为

$$x^{i+1} = x^i + d^i \tag{4.22}$$

进行迭代的误差条件:

$$\|(\nabla r(x^i))^{\mathrm{T}} r(x^i)\| \leqslant \varepsilon_r \tag{4.23}$$

在 L–M 算法中,通过不断地调整阻尼系数,克服因 $(\nabla r(x))^{\mathrm{T}} \nabla r(x)$ 接近奇异而造成的估计结果发散。更新阻尼系数之前,需要计算 γ^i,如下式所示[164]:

$$\gamma^i = \frac{f(x^{i+1}) - f(x^i)}{((\nabla r(x^i))^{\mathrm{T}} r(x^i))^{\mathrm{T}} + \frac{1}{2}(d^i)^{\mathrm{T}} (\nabla r(x^i))^{\mathrm{T}} \nabla r(x^i) d^i} \tag{4.24}$$

通常 γ^i 的临界值为 0.25 和 0.75,更新法则如下[164]:

$$\lambda^{i+1} = \begin{cases} 4\lambda^i, & \gamma^i < 0.25 \\ 0.5\lambda^i, & \gamma^i > 0.75 \\ \lambda^i, & \text{其他} \end{cases} \tag{4.25}$$

总结上述过程,基于 L–M 的多目偏振视觉航向传感器标定算法流程如图 4.6 所示。

首先进行参数的初始化设置,包括标定参数初值 x^0、安装偏差 $\Delta \phi_0^0$、阻尼系数 γ^0、精度阈值 ε_r 和最大迭代次数 $N_{\max}$;其次计算参数修正量 d^i 与阻尼系数 γ^i,更新参数向量 x^{i+1},最后返回进行迭代,直至结束输出最优的参数估计。有关 $r(x)$ 的雅可比矩阵计算过程详见附录 A。

2. 标定实验与结果

在标定实验中,传感器与多齿分度台固连,在均匀积分球与线偏振片组成的标准偏振光源下连续旋转,每次转动 10 个齿,相当于转动 9.208°,共旋转 37 次,分别测量数据,相邻两次间隔 5s,采集 5 帧图像,减小测量噪声影响,取平均值作为当前位置的图像测量值,实验过程中,光源输出强度基本保持恒定,光强变化在 0.1% 以内。

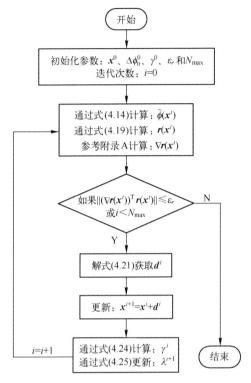

图 4.6　多目偏振视觉航向传感器标定算法流程图

　　按照上述算法流程,标定结果见表 4.1。标定参数共有 6 个,其中安装误差角属于小角度误差,故初始值 $\varepsilon_2 = \varepsilon_3 = \varepsilon_4 = 0$,CCD 感光系数误差也属于小误差,所以设 $\Delta_2 = \Delta_3 = \Delta_4 = 1$,L-M 算法中的阻尼系数 $\lambda^0 = 0.01$,精度阈值设置为 $\varepsilon_r = 0.001$。从表 4.1 中可以看出,经过 5 次迭代,变化误差小于精度阈值,参数估计结果趋于稳定,各测量单元的 CCD 感光系数并不相同,并且线偏振片的安装角误差在 ±1° 左右。

表 4.1　多目偏振视觉航向传感器标定结果

参　数	Δ_2	Δ_3	Δ_4	$\varepsilon_2/(°)$	$\varepsilon_3/(°)$	$\varepsilon_4/(°)$
初始值	1	1	1	0	0	0
迭代 1 次	1.1342	0.9876	1.2072	0.9671	1.4786	−1.1195
迭代 2 次	1.0721	1.0342	1.1428	1.0211	1.5415	−1.1134
迭代 5 次	1.0607	1.0560	1.1428	1.0211	1.5415	−1.1133
标定结果	1.0607	1.0560	1.1150	1.0211	1.5415	−1.1133

图 4.7 为标定转动过程中,传感器四个测量单元的光强响应变化曲线,以彩色图像(RGB)的红色通道(R-channel)为例,选取图像中心区域的光强相应进行说明。在标定前,由于各相机的 CCD 感光系数不一致,当在入射相同光强时,四个测量单元的光强相应并不相同,而在标定后,各测量单元的光强相应基本一致。图 4.8 为标定前后转动角误差的对比结果,由于存在 CCD 感光系数误差和偏振片安装角误差,在标定前,传感器转动角误差得平均值为$-0.0259°$,标准差为 $0.2714°$,而标定后,转动角误差的平均值为$-1.4872 \times 10^{-4}°$,标准差仅为 $0.0516°$,表明上述两种误差会降低传感器的测量精度,经过标定后,测量精度得到明显提高,证明了标定算法的有效性和正确性。

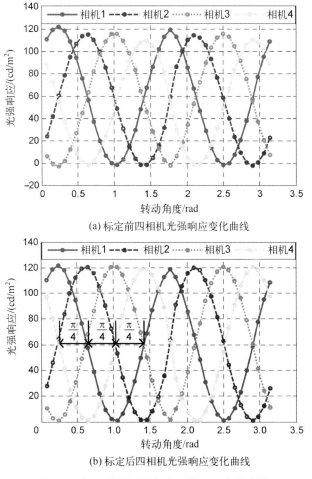

(a)标定前四相机光强响应变化曲线

(b)标定后四相机光强响应变化曲线

图 4.7　标定前后四相机的光强响应变化曲线

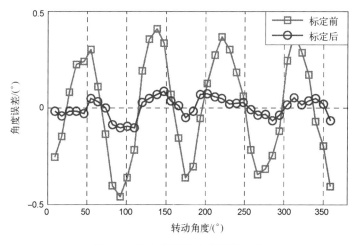

图 4.8　标定前后转动角误差对比

4.3　组合定向方法与误差分析

根据前面可知,要实现三维空间的偏振光定向,需要其他传感器提供载体的水平角(滚动角和俯仰角),本书选择惯性传感器提供水平角,多目偏振视觉/惯性组合定向原理示意图如图 4.9 所示。偏振光传感器测得偏振角和偏振度信息,惯性信息解算得到水平角信息,本地时间与初始地理位置信息用于得到太阳的位置信息,上述信息通过定位解算即可获取载体的航向角。

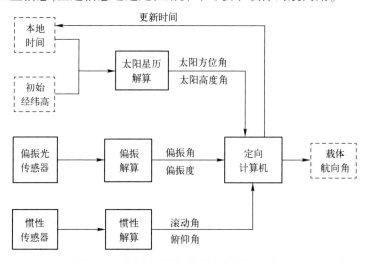

图 4.9　偏振光/惯性组合定向原理示意图

▶ 4.3.1 组合定向方法

利用多目偏振视觉测量的多个有效偏振信息，提出一种基于全局最小二乘法(Total Least Squres，TLS)[166]的航向角估计方法，该方法将航向角求解问题总结为优化问题，能够克服测量噪声对偏振光定向的影响，提高航向估计的鲁棒性。由标准 Rayleigh 散射模型可知，天空观测点处偏振光最大矢量 $\boldsymbol{E}$ 垂直于由观测者、天空观测点以及太阳所构成的观测平面，据此可得的偏振光定向模型如式(4.2)所示，将其在载体系(b 系)下重新表示为

$$\boldsymbol{a}_p^b = s \cdot \boldsymbol{a}_l^b \times \boldsymbol{a}_s^b \tag{4.26}$$

下面将通过已知量，分别求得上述向量的表示。

(1) 观测点偏振光最大 $\boldsymbol{E}$ 矢量振动方向的单位矢量 $\boldsymbol{a}_p^b$。

由图 4.3 所示的几何关系易得 $\boldsymbol{a}_p$ 在 i 系中的表示：

$$\boldsymbol{a}_p^i = \begin{bmatrix} \cos\phi & \sin\phi & 0 \end{bmatrix}^{\mathrm{T}} \tag{4.27}$$

利用姿态转移矩阵 $\boldsymbol{C}_i^b$，将其从 i 系转换至 b 系，即

$$\boldsymbol{a}_p^b = \boldsymbol{C}_i^b \boldsymbol{a}_p^i \tag{4.28}$$

式中：$\boldsymbol{C}_i^b = \begin{bmatrix} \cos\alpha & -\sin\alpha & 0 \\ \sin\alpha & \cos\alpha & 0 \\ 0 & 0 & 1 \end{bmatrix} \begin{bmatrix} \cos\gamma & 0 & \sin\gamma \\ 0 & 1 & 0 \\ -\sin\gamma & 0 & \cos\gamma \end{bmatrix}$。

假设载体 b 系与相机图像坐标系重合，则 α 为入射单位矢量与 $\boldsymbol{Z}_b$ 轴的夹角，γ 为入射单位矢量的平面投影与 X_b 轴的夹角，可由观测点在相机图像中的投影坐标确定，即

$$\alpha = \arctan\left(\frac{y_p - c_y}{x_p - c_x}\right) \tag{4.29}$$

$$\gamma = \arctan\left(\frac{\sqrt{(x_p - c_x)^2 + (y_p - c_y)^2}}{f}\right) \tag{4.30}$$

式中：(x_p, y_p) 为图像投影点的像素坐标；(c_x, c_y) 为图像中心坐标；f 为相机焦距，均可由相机标定获得。

(2) 观测方向的单位矢量 $\boldsymbol{a}_l^b$。

观测方向的单位矢量可由 α 和 γ 确定，即

$$\boldsymbol{a}_l^b = \begin{bmatrix} \sin\gamma\cos\alpha & \sin\gamma\sin\alpha & \cos\gamma \end{bmatrix}^{\mathrm{T}} \tag{4.31}$$

(3) 太阳方向的单位矢量 $\boldsymbol{a}_s^b$。

由天文学知识可得，太阳方向的单位矢量在导航坐标系(n 系)中的投影为

$$\boldsymbol{a}_s^n = \begin{bmatrix} \cos h_s \cos a_s & \cos h_s \sin a_s & -\sin h_s \end{bmatrix}^{\mathrm{T}} \tag{4.32}$$

式中：a_s 和 h_s 分别为太阳方位角和高度角，已知当地时间与地理位置，可通过文献[167]提供的方法计算得到，精度可达 $0.0027°$。

通过姿态变换矩阵，可将 $\boldsymbol{a}_s^n$ 投影至载体坐标系，即

$$\boldsymbol{a}_s^b = \boldsymbol{C}_n^b \, \boldsymbol{a}_s^n \tag{4.33}$$

式中：$\boldsymbol{C}_n^b = \begin{bmatrix} 1 & 0 & 0 \\ 0 & \cos r & \sin r \\ 0 & -\sin r & \cos r \end{bmatrix} \begin{bmatrix} \cos\theta & 0 & -\sin\theta \\ 0 & 1 & 0 \\ \sin\theta & 0 & \cos\theta \end{bmatrix} \begin{bmatrix} \cos\psi & \sin\psi & 0 \\ -\sin\psi & \cos\psi & 0 \\ 0 & 0 & 1 \end{bmatrix}$；$r$、$\theta$ 和 ψ 为载体的滚动角、俯仰角和航向角，上式由文献[4]计算获得。

将式(4.27)～式(4.33)代入定向模型式(4.26)，整理可得

$$\boldsymbol{a}_p^b = s \cdot [\boldsymbol{a}_l^b \times] \boldsymbol{A}_s^b \, \boldsymbol{x}_s = s\boldsymbol{F} \, \boldsymbol{x}_s \tag{4.34}$$

式中：$[\boldsymbol{a}_l^b \times]$ 为向量 $\boldsymbol{a}_l^b$ 的反对称矩阵；$\boldsymbol{A}_s^b = \begin{bmatrix} \cos\theta\cos h_s & 0 & \sin\theta\sin h_s \\ \sin\theta\sin r\cos h_s & -\cos r\cos h_s & -\cos\theta\sin r\sin h_s \\ \sin\theta\cos r\cos h_s & \sin r\cos h_s & -\cos\theta\cos r\sin h_s \end{bmatrix}$；

$\boldsymbol{x}_s = \begin{bmatrix} \cos(\psi+a_s) & \sin(\psi+a_s) & 1 \end{bmatrix}^{\mathrm{T}}$。

由式(4.28)可得

$$\frac{\boldsymbol{a}_p^b(1)\sin\alpha - \boldsymbol{a}_p^b(2)\cos\alpha}{\boldsymbol{a}_p^b(3)} = \frac{\tan\phi}{\sin\gamma} \tag{4.35}$$

式中：$\boldsymbol{a}_p^b(i)\,(i=1,2,3)$ 为向量 $\boldsymbol{a}_p^b$ 的元素。

令 $\boldsymbol{a} = \boldsymbol{F}\boldsymbol{x}_s$，则将式(4.34)代入式(4.35)可得

$$\boldsymbol{a}(1)\sin\alpha\sin\gamma - \boldsymbol{a}(2)\cos\alpha\sin\gamma - \boldsymbol{a}(3)\tan\phi = 0 \tag{4.36}$$

令 $\boldsymbol{d}_s = \begin{bmatrix} \sin\alpha\sin\gamma & -\cos\alpha\sin\gamma & -\tan\phi \end{bmatrix}^{\mathrm{T}}$，则上式可写为

$$\boldsymbol{h}^{\mathrm{T}} \tilde{\boldsymbol{x}} = b \tag{4.37}$$

式中：$\boldsymbol{h} = \begin{bmatrix} \boldsymbol{F}_1^{\mathrm{T}}\boldsymbol{d}_s & \boldsymbol{F}_2^{\mathrm{T}}\boldsymbol{d}_s \end{bmatrix}^{\mathrm{T}}$；$\tilde{\boldsymbol{x}} = \begin{bmatrix} \cos(\psi+a_s) & \sin(\psi+a_s) \end{bmatrix}^{\mathrm{T}}$；$b = -\boldsymbol{F}_3^{\mathrm{T}}\boldsymbol{d}_s$，$\boldsymbol{F}_i\,(i=1,2,3)$ 表示组成矩阵 $\boldsymbol{F}$ 的列向量。

在每次测量的偏振图像中，假设共有 m 个有效偏振测量点，则

$$\begin{bmatrix} \boldsymbol{h}_1 & \boldsymbol{h}_2 & \cdots & \boldsymbol{h}_m \end{bmatrix}^{\mathrm{T}} \tilde{\boldsymbol{x}} = \begin{bmatrix} b_1 & b_2 & \cdots & b_m \end{bmatrix}^{\mathrm{T}} \tag{4.38}$$

整理可得多测量点的偏振光定向方程为

$$\boldsymbol{H}^{\mathrm{T}} \tilde{\boldsymbol{x}} = \boldsymbol{b} \tag{4.39}$$

在实际中，由于天气影响大气偏振模型以及传感器的测量噪声，造成在偏振信息中包含一定的测量误差，因此在上述偏振定向方程中，矩阵 $\boldsymbol{H}$ 和向量 $\boldsymbol{b}$ 存在一定的测量扰动量，即

$$(\boldsymbol{H}^{\mathrm{T}} + \boldsymbol{E}_s)\tilde{\boldsymbol{x}} = \boldsymbol{b} + \boldsymbol{e}_s \tag{4.40}$$

式中：$\boldsymbol{E}_s$ 和 $\boldsymbol{e}_s$ 均为随机数组成的扰动噪声。

整理可得

$$\left(\begin{bmatrix} -\boldsymbol{b} & \boldsymbol{H} \end{bmatrix} + \begin{bmatrix} -\boldsymbol{e}_s & \boldsymbol{E}_s \end{bmatrix} \right) \begin{bmatrix} 1 \\ \tilde{\boldsymbol{x}} \end{bmatrix} = 0 \tag{4.41}$$

记 $\widetilde{\boldsymbol{B}} = \begin{bmatrix} -\boldsymbol{b} & \boldsymbol{H} \end{bmatrix}, \widetilde{\boldsymbol{C}} = \begin{bmatrix} -\boldsymbol{e}_s & \boldsymbol{E}_s \end{bmatrix}, \tilde{\boldsymbol{z}} = \begin{bmatrix} 1 & \tilde{\boldsymbol{x}} \end{bmatrix}^{\mathrm{T}}$, 即

$$(\widetilde{\boldsymbol{B}} + \widetilde{\boldsymbol{C}})\tilde{\boldsymbol{z}} = 0 \tag{4.42}$$

上述方程可采用全局最小二乘法求解,将其转化为求解如下目标函数:

$$\min \|\widetilde{\boldsymbol{B}}\tilde{\boldsymbol{z}}\| = \min \tilde{\boldsymbol{z}}^{\mathrm{T}}\boldsymbol{B}^{\mathrm{T}}\boldsymbol{B}\tilde{\boldsymbol{z}} \tag{4.43}$$
$$\text{s. t. } \tilde{\boldsymbol{z}}^{\mathrm{T}}\tilde{\boldsymbol{z}} = 2$$

根据全局最小二乘法可知,目标函数的最优解 $\tilde{\boldsymbol{z}}^*$ 为矩阵 $(\widetilde{\boldsymbol{B}}^{\mathrm{T}}\boldsymbol{B})$ 最小特征值所对应的最小特征向量,则

$$\tilde{\boldsymbol{x}}_{\mathrm{TLS}} = \tilde{\boldsymbol{z}}(2:3) \tag{4.44}$$

则根据定义可知航向角的求解为

$$\begin{cases} \psi = \arctan(\tilde{\boldsymbol{x}}_{\mathrm{TLS}}(2)/\tilde{\boldsymbol{x}}_{\mathrm{TLS}}(1)) - a_s \\ \psi = \arctan(\tilde{\boldsymbol{x}}_{\mathrm{TLS}}(2)/\tilde{\boldsymbol{x}}_{\mathrm{TLS}}(1)) - a_s + \pi \end{cases} \tag{4.45}$$

式中:航向角 ψ 范围为 $[0,2\pi]$, π 为偏振光定向估计的模糊度,其将在后续章节解决。

4.3.2　定向误差分析

偏振光定向误差分析是提高精度的重要理论基础。根据前面的定向方法可知,偏振光定向误差主要包括太阳方位误差、传感器测量误差、组合水平角误差,以及大气偏振模型误差,对于前三种误差,文献[116]已经进行了详细分析,并得出结论:太阳位置误差可忽略不计,传感器测量误差和水平角误差对偏振光定向精度影响较大,在理想条件下,偏振光定向的精度为 0.2°。然而鲜有文献深入分析大气偏振模型误差对定向的影响,以及求解偏振光定向的模糊度,此外,当偏振光传感器在有遮挡的环境使用时,如何快速地剔除遮挡障碍获取有效的天空偏振信息也是需要解决的问题,下面将具体分析此三种误差对偏振光定向的影响。

1. 大气偏振模型误差对定向的影响

在晴朗天气条件下,大气散射模型可用标准 Rayleigh 散射描述,而在多云的天气条件下,当太阳光经过大气层时,由于大气粒子的不均匀而发生多次散射和多重散射的耦合,从而造成实际大气散射模型与标准 Rayleigh 散射模型存在一定偏差。由于散射太阳光是横波,因此太阳光经过大气层不管发生多次 Rayleigh 散射、Mie 散射或其他散射[79],偏振光的矢量 $\boldsymbol{E}$ 方向始终垂直于入射

光方向。在标准 Rayleigh 散射模型中，入射光矢量 $\boldsymbol{E}$ 垂直于太阳、观测者和天空观测点所构成的平面，而在多云条件下的散射光矢量 $\boldsymbol{E}$ 方向与其存在一定偏差，记为大气偏振模型误差角 ξ。

根据空间向量理论可知，天空观测点的入射光矢量 $\boldsymbol{E}$ 方向的单位矢量 $\boldsymbol{a}_p$ 可用太阳方向的单位矢量 $\boldsymbol{a}_s$、观测方向的单位矢量 $\boldsymbol{a}_l$ 以及 $\boldsymbol{a}_s \times \boldsymbol{a}_l$ 矢量所构成的坐标系表示，根据图 4.3 的几何示意图，即可得到非标准大气偏振模式下，含模型误差的偏振光定向模型：

$$\boldsymbol{a}_p^b = s_1 \boldsymbol{a}_s^b + s_2 \boldsymbol{a}_l^b + s_3 \boldsymbol{a}_l^b \times \boldsymbol{a}_s^b \tag{4.46}$$

$$s_1 = -\frac{\sin\xi}{\sin\beta}, \quad s_2 = \frac{\sin\xi}{\tan\beta}, \quad s_3 = \frac{\cos\xi}{\sin\beta} \tag{4.47}$$

式中：β 为向量 $\boldsymbol{a}_l^b$ 与 $\boldsymbol{a}_s^b$ 之间的夹角。

在天气晴朗条件下，模型误差角 $\xi = 0°$，可得基于标准 Rayleigh 散射的偏振光定向模型与式（4.26）保持一致。

以天顶观测点的偏振信息为例，即 $\alpha = \gamma = 0°$，则根据式（4.27）~式（4.33）可得：

$$\psi = \arcsin\left(\frac{-g_s}{\sqrt{u_s^2 + v_s^2}}\right) - a_s - \beta_s$$

$$\text{或 } \psi = \arcsin\left(\frac{-g_s}{\sqrt{u_s^2 + v_s^2}}\right) - a_s - \beta_s + \pi \tag{4.48}$$

式中：$u_s = \cos r(1 + \tan\xi\cot\phi)$；$v_s = \cot\phi\cos\theta - \sin r\sin\theta - \tan\xi(\cos\theta + \sin r\sin\theta\cot\phi)$；$g_s = \tan h_s(\cos\theta\sin r + \sin\theta\cot\phi) - \tan\xi\tan h_s(\sin\theta - \sin r\cos\theta\cot\phi)$；$\beta_s = \arctan(v_s/u_s)$。

由模型误差引起的航向角误差可记为

$$\Delta\psi_s = \psi(\xi) - \psi(0) \tag{4.49}$$

则相应的模型误差系数为

$$F_s = \left|\frac{\Delta\psi}{\xi}\right| \tag{4.50}$$

由式（4.48）可知，模型误差系数大小由载体的水平角（滚动角 r 和俯仰角 θ）、太阳的高度角 h_s 决定，下面将分别讨论。

1）不同水平角时模型误差的影响

当载体处于水平时，$r = \theta = 0$，代入式（4.48）、式（4.49），可得 $F_s = 1$，说明模型误差会等比例地传递给航向角。

当载体倾斜时，r 与 θ 至少有一个不为零，此时模型误差不是线性传递关系，随着水平角的变化，模型误差的影响也不同。图 4.10 所示为不同水平角时

模型误差的影响系数变化曲线,此时太阳高度角 $h_s = 45°$。在图中,滚动角与俯仰角的变化一一对应,因此仅以滚动角的变化为横坐标。从结果可知,当载体水平时,误差影响系数为1,实心圆点所示,与前面的分析结论符合。随着载体倾斜程度变大,模型误差引起的航向角误差会随着水平角的变化呈非线性增长,并且载体的水平角越大,影响系数越大。当 $|r| < 10°$($|\theta| < 15°$)时,模型误差的影响因子约为1;当 $10° < |r| < 20°$($15° < |\theta| < 35°$),模型误差的影响系数平均值为1.78,因此在实际应用时,应该使用模型误差较小的区域,研究表明[168],天空偏振度较高的区域,偏振模型更接近于标准 Rayleigh 散射模型,此时的偏振角误差也越小,从而减小对定向精度的影响。在晴朗天气条件下,偏振度大于0.48的区域内,偏振角误差在1°以内[120]。

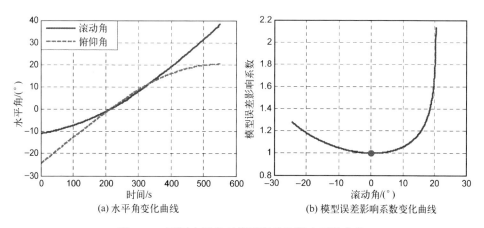

(a) 水平角变化曲线   (b) 模型误差影响系数变化曲线

图 4.10   不同水平角时模型误差的影响系数变化

2) 不同太阳高度角时模型误差的影响

若仅讨论太阳高度角 h_s 的影响,需确定 r、θ 和 ϕ 等变量,代入式(4.49)可得误差影响系数 F_h 为

$$F_h = \arcsin(K_h \tanh_s) + 1 \tag{4.51}$$

对上式求导可知,F_h' 始终大于零,即 F_h 为单调递增函数,由于太阳高度角 h_s 始终大于零,因此 F_h 的最小值约为1。

图 4.11(a)为一天中长沙地区太阳高度角的变化曲线(07:00-20:00),在清晨和傍晚时分,太阳处于地平线附近,高度角较小,随着时间变化,太阳高度角先变大后减小,在13:30左右达到峰值75°,如实心点所示。图 4.11(b)为不同时间模型误差的影响系数变化曲线。从图中可以看出,误差影响系数的变化趋势与太阳高度角的变化趋势大体相同,呈渐强-峰值-渐弱的变化过程,符合

式(4.51)的特性。在清晨和傍晚时分,太阳高度角较小,模型误差对航向角的影响因子约为1;随着时间推移,太阳高度角变大,模型误差的影响也达到最大,约为6.85,如图4.11(b)中实心点所示;下午时分,太阳高度角减小,模型误差的影响也减弱,在20:00左右,影响系数重新减至1左右。

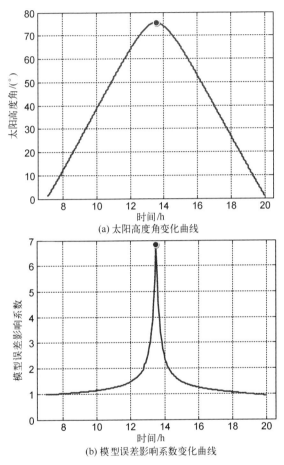

(a) 太阳高度角变化曲线

(b) 模型误差影响系数变化曲线

图 4.11　不同太阳高度角时模型误差的影响系数变化

　　总之,大气偏振模型误差对偏振光定向精度的影响不容忽视,载体水平角与太阳高度角是决定影响程度的主要因素。当载体的倾斜程度越大,模型误差的影响也越大,尤其是对地面车辆在转弯或爬坡等机动性较强的场合,模型误差的影响会更加明显。太阳高度角的影响也不可避免,并且高度角越大影响也越显著,清晨和傍晚时分的影响程度明显小于中午时分。因此在偏振光实际应用中,一方面可通过多重散射构建模型误差较小的定向模型,另一方面由于太阳高度角影响不可避免,需要选择在高度角较小的时机,减小模型误差的影响,以保证偏振光的定向精度。

2. 固定地理位置对定向的影响

由定向原理示意图可知,偏振光定向需要太阳的方位角和高度角信息,在进行太阳星历解算时,需要已知当地时间和地理位置信息。时间可通过计算机时钟进行实时更新,但在卫星拒止环境中,除初始地理位置可精确得到外,运动过程中的位置信息无法保证精确地实时更新,因此在偏振光定向过程中,进行太阳星历解算的地理位置一般使用初始位置信息,为了实现高精度的定向需求,有必要对固定地理位置对定向精度的影响进行评估。为此设计了仿真实验,定量评估了固定地理位置对定向精度的影响,具体结果如图 4.12 所示。

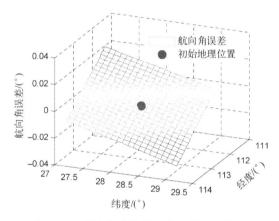

图 4.12　固定地理位置对定向精度的影响

在实验中,初始地理位置为图 4.12 中圆点位置,载体的运动范围为 $(27.22°N \sim 29.22°N, 111.99°E \sim 113.99°E)$,对应的运动区域面积约为 $4.928 \times 10^3 km^2$。从图中可看出,航向角误差较小,仅在 $-0.027° \sim 0.027°$ 内变化,原因是太阳至地球的距离较远,约为 $1.521 \times 10^8 km$,对于定向精度 $0.2°$ 的指标要求,此误差可忽略不计。因此在一定运动范围内(经纬度变化在 $0 \sim 2°$ 内),固定地理位置对定向精度的影响较小,但在长航时、远距离的运动区域内(经纬度变化超过 $4°$ 内),需要适时更新地理位置,以减小固定地理位置对定向精度的影响。

3. 偏振图像噪声抑制与定向模糊度求解

当偏振光传感器应用在地面平台时,偏振测量图像不可避免地会受到树木、建筑物或其他障碍物的遮挡,为了保证定向精度,需要剔除遮挡障碍物,抑制偏振图像的噪声。由 Rayleigh 散射所形成的大气偏振模式,偏振度信息对外界异物的影响较为敏感,在天空区域中,由于偏振度分布均匀稳定,其梯度值接近于零,而在受障碍遮挡的区域,偏振度不再由 Rayleigh 散射决定,而随机分布,对应的梯度值也明显大于零。基于此种特性,可利用偏振度的梯度信息对偏振图像的噪声进行抑制,具体规则如下:

$$\begin{cases} |\,\mathrm{GDOP}(i,j)\,| \leqslant \sigma, I(i,j) \in \mathrm{Sky\ area} \\ |\,\mathrm{GDOP}(i,j)\,| > \sigma, I(i,j) \notin \mathrm{Sky\ area} \end{cases} \tag{4.52}$$

式中:$\mathrm{GDOP}(i,j)$ 为偏振图像中第(i,j)个像素的偏振度的梯度值;Sky area 为天空区域;σ 为抑噪阈值,其由偏振传感器测量精度决定,本书中设置为 0.05。

此外,偏振光定向存在一定的模糊度,如式(4.45)所示,文献[11]给出了一种使用外部光电敏感传感器求解偏振光定向模糊度的方法,而本书仅利用偏振图像,依据太阳子午线投影的象限位置求解偏振光定向的模糊度,避免使用额外的传感器,具体方法如图 4.13 所示。定义图像的坐标系为 I 系,圆心为图像中心,I_x 和 I_y 分别为图像的宽和高。首先搜索确定图像中最亮的区域,对应大小为 5×5 像素,则太阳子午线的投影必过此区域中心(I_{xs}, I_{ys});然后计算太阳子午线投影的斜率 $\beta_a = \arctan(I_{xs}/I_{ys})$,$(\beta_a \in [-\pi, \pi])$;最后按照图 4.13 所示规则求解偏振光定向模糊度。在实际工程应用中,该方法主要会受到外界光源和相机感光噪声的影响,对于外界光源,由于其不具备天空偏振光的分布特性,可采用偏振图像噪声抑制方法排除影响;对于相机感光噪声,可通过选取区域像素测量值求均值进行判别,避免因单个像素点的测量噪声而影响求解结果。

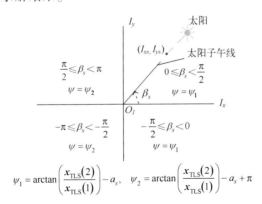

图 4.13 偏振光定向模糊度求解规则

总结上述分析过程,本书所提出的基于全局最小二乘的偏振光定向算法流程如图 4.14 所示。

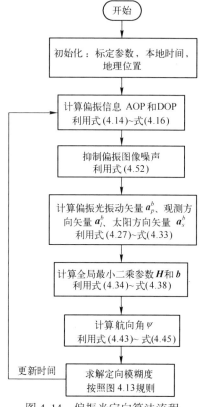

图 4.14　偏振光定向算法流程

4.4　实　验　验　证

本节分别设计了静态转动实验和动态车载实验验证所提出的多目偏振视觉/惯性组合定向方法,具体实验装置与运动轨迹如图 4.15 所示。静态实验在国防科技大学校内学院主楼顶进行,地理位置(28.20°N,112.98°E),实验时间为 2015 年 12 月 16 日 16:40~16:42。如图 4.15 所示,偏振光传感器固联在精密多齿分度转台上,同步控制器触发偏振传感器的四个测量单元,交换机传输测量数据,微惯性测量单元(MIMU,Mti-G-700)提供水平角,转台按照等角度转动,先从 0°增至 359.0795°而后再反转至 0°,每次转动 27.6215°,采样 3s,取平均值用于计算。静态转动过程中,偏振光传感器通过定向可获得转动角度,与多齿分度转台读取的参考转动角度进行比较,评估算法定向精度,多齿分度转台的角度精度为 0.0001°。实验中天气晴朗无云,总时长约为 2min,天空偏振模式的变化可忽略不计。

　　动态车载实验在长沙婚庆园内进行,地理位置(28.19°N,113.04°E),实验时间为 2016 年 12 月 9 日 11:49~11:56。实验车辆与轨迹如图 4.15 所示,偏振光传感器实时测量天空偏振信息,MIMU 提供水平角用于定向解算,车辆绕婚庆园 2 圈,共采集 417 张偏振图像,运行过程中天气晴朗,车内装有自研的高精度惯导系统,提供航向参考,各系统的具体指标参数见表 4.2。与目前常用的两种定向算法进行比较,一种是利用霍夫变换提取太阳子午线而实现定向的方法(Line Detection with the Hough Transform,LDHT)[96],另一种是 Wang 提出的通过优化偏振光 E 矢量与太阳方向矢量的投影残差而进行定向的方法[117]。采用

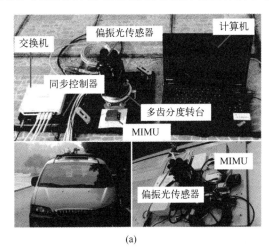

(a)

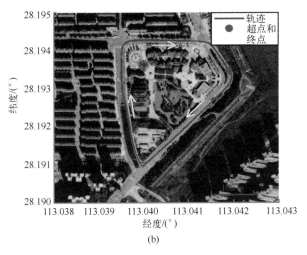

(b)

图 4.15　实验装置与运动轨迹

最大绝对误差(Maximum Absolute Error,MAE)和均方根误差(Root Mean Square Error,RMSE)对定向结果进行评估。

$$MAE = \max |\psi_{max}(i) - \psi_{ref}(i)|, i = 1, 2, \cdots, N$$

$$RMSE = \sqrt{\frac{1}{N} \sum_{i=1}^{N} (\psi_{max}(i) - \psi_{ref}(i))^2}$$

(4.53)

表4.2　各传感器与寻北系统参数

系　　　　统	参 数 说 明	采样频率/Hz
多目偏振视觉航向传感器	分辨率:1034×778 像素 视场:77×57.7°	1Hz
微惯性传感器	陀螺零偏:10°/h 加速度计零偏:0.004m/s²	100Hz
高精度惯导系统 (激光陀螺)	陀螺零偏:0.02°/h 加速度计零偏:5×10⁻⁵ m/s² 寻北精度:<0.1°/h	20Hz

4.4.1　静态实验

在静态转动实验中,传感器在不同方位通过对天空偏振模式的测量与解算实现定向。图4.16 为任选三个方位的天空偏振测量示例图,其中 SM(Solar Meridian)为太阳子午线的投影,实验中天气晴朗无云,太阳方位角为 80.4° 左右,高度角为 10° 左右。从图中可以看出,偏振角(AOP)沿太阳子午线呈反对称分布,并且在太阳子午线附近,偏振角约等于±90°;偏振度(DOP)呈带状,沿太阳子午线呈对称分布,并且在太阳附近偏振度达到最小(<0.3)。此测量结果与标准 Raleigh 散射的大气偏振模型分布一致。

图4.17 为静态转动实验的定向对比结果,转台等间隔地从 0° 转至 359.08°,而后反转至 0°,每次转 27.62°,共有 27 个测量点。与其他算法(LDHT法与 Wang 法)相比,本书所提出的算法定向解算精度更高,其中航向角误差的 RMSE 为 0.28°,MAE 为 0.42°,具体统计结果见表4.3。

表4.3　定向实验统计结果

实　　　验	方　　　法	RMSE/(°)	MAE/(°)
静态转动实验	LDHT	0.60	1.07
	Wang	0.37	1.64
	Proposed	0.28	0.42

（续）

实　　验	方　　法	RMSE/(°)	MAE/(°)
	LDHT	3.26	11.66
动态车载实验	Wang	1.92	6.92
	Proposed	0.81	4.02

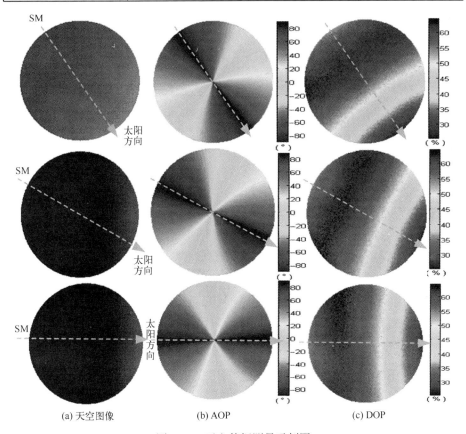

(a) 天空图像　　　　　　(b) AOP　　　　　　(c) DOP

图 4.16　天空偏振测量示例图

4.4.2　车载实验

在城市环境中进行车载实验时,偏振图像易受到了树木、路灯等障碍物的遮挡,此区域的偏振信息会对定向结果产生影响,因此首先需要剔除偏振图像中的遮挡障碍,具体结果如图4.18~图4.19所示。在图4.18中:第一行为实际采样的图像,很明显,天空区域受到外界障碍物的遮挡;第二行为偏振度的梯度

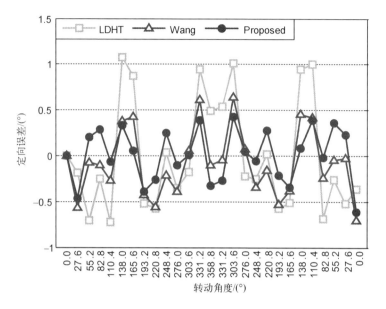

图 4.17　静态转动实验定向对比结果

结果,天空区域的偏振度梯度值相同,而遮挡障碍区域的梯度值明显不同;第三行为剔除遮挡障碍后的偏振角测量结果,白色区域为剔除的区域,其中由于偏振度低的区域偏振角误差较大[168],因此对于偏振度小于 0.1 的区域也被剔除。图 4.19 为车载实验中,偏振图像中天空区域(有效定向区域)占比的统计结果。结果表明,在整个车辆行驶过程中,偏振图像不同程度地受到外界障碍物的遮挡,天空区域的占比变化范围为 47.42%～97.75%,其中共有 212 张偏振图像中天空区域的占比小于 80%。

　　车载定向结果如图 4.20 所示,统计结果见表 4.3。如图 4.20(a) 所示,与其他算法相比,本书所提出的算法能够准确地匹配航向角真值,绝大部分的航向角误差在 [−2°,2°] 以内,如图 4.20(b) 所示,最终航向角误差的 RMSE 为 0.81°,MAE 为 4.02°。对于 LDHT 算法,外界障碍物直接遮挡了太阳子午线的区域并且影响了子午线的搜索结果,因此定向误差最大,而 Wang 所提出的算法与本算法相同,均利用了天空区域的偏振信息进行定向,但前者未考虑测量噪声,所以精度较差。表 4.3 的统计结果表明,本书所提出的定向算法能够有效地利用天空区域的偏振信息进行定向,并且算法的鲁棒性和定向精度较高。

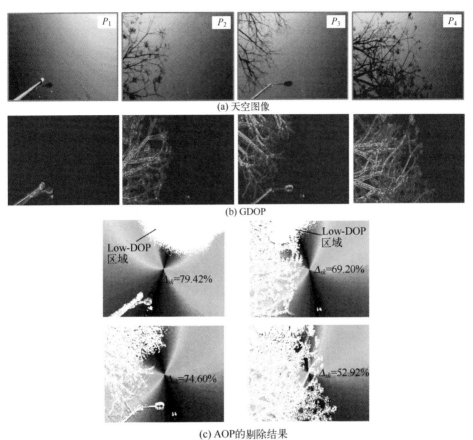

(a) 天空图像

(b) GDOP

(c) AOP的剔除结果

图 4.18　剔除遮挡障碍的结果示例

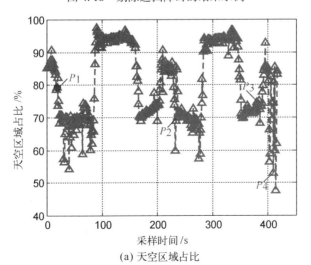

(a) 天空区域占比

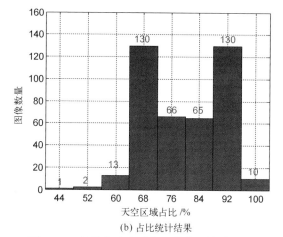

(b) 占比统计结果

图 4.19　车载实验中天空区域占比统计结果

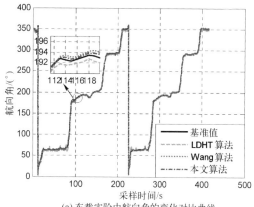

(a) 车载实验中航向角的变化对比曲线

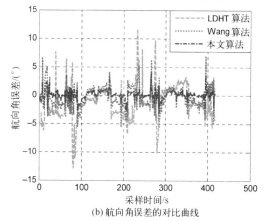

(b) 航向角误差的对比曲线

图 4.20　车载实验定向结果对比

4.5　本章小结

本章主要研究了多目偏振视觉航向传感器的标定以及偏振光/惯性组合定向技术,首先介绍了大气偏振模型及基本性质,建立了偏振光定向的基本模型,指出了偏振光传感器需要水平角才能实现三维空间内的定向。随后研制了多目偏振光传感器,针对传感器的标定问题进行了深入研究,明确了影响多目偏振视觉航向传感器的测量精度的主要误差有相机 CCD 感光系数的非一致性误差和线偏振片安装角误差,并提出了一种基于 L-M 的多目偏振视觉航向传感器标定方法,结果表明该标定方法能够补偿测量误差,提高传感器的测量精度。

其次,针对目前偏振光定向方法易受到外界测量噪声的影响,利用多个有效偏振测量信息,提出了一种基于全局最小二乘法的航向角估计方法。为了克服偏振光定向受到遮挡障碍的影响,给出了基于 GDOP 的偏振图像在线噪声抑制方法,并就偏振光定向的模糊度问题进行了求解。同时分析了大气偏振模型误差和固定地理位置对偏振光定向的影响,指出了当载体的倾斜程度越高,太阳高度角越大时,大气偏振模型误差对航向角精度影响越明显;在一定运动范围内(经纬度变化在 0°~2° 内),固定地理位置对定向精度的影响较小(<0.027°)。最后设计了车载实验验证算法的正确性和有效性,结果表明,偏振光/惯性组合可实现三维空间的定向,航向角误差的 RMSE 为 0.81°,能够为仿生导航算法提供准确的航向约束。

第5章 基于拓扑图的节点递推导航算法

综合本书前 3 章内容,采用"航向约束+位置约束"的导航机制,以第 2 章导航拓扑图为基础,研究融合多传感器信息的仿生导航算法。利用第 3 章拓扑节点识别与定位方法,为仿生导航系统提供位置约束,结合第 4 章中多目偏振视觉/惯性组合定向方法,为系统提供航向约束。本章重点研究融合上述两部分内容的导航机制,并通过车载与飞行实验对算法的有效性进行验证。首先,给出了基于多传感器组合的仿生导航算法总体框架,从仿生机理和导航机制两个方面对算法进行了介绍,提出了基于位置约束和航向约束的多传感器仿生导航算法,然后研究了系统的导航参数估计方法,并对算法误差进行了深入分析;最后分别设计了车载实验和遥感地图飞行实验,对所提出的算法进行了验证分析。

5.1 仿生导航算法

▶ 5.1.1 算法总体框架

本书第 2 章以哺乳动物大脑海马区网格细胞的构图特性为启示,分别给出了基于网格细胞特性的一维导航拓扑图(面向无人车应用)和二维导航拓扑图(面向无人机应用)的构建方法。第 3 章以所构建的导航拓扑图为基础,提出了基于多尺度的拓扑节点识别与定位方法。实验结果表明,与现有的位置识别方法(SeqSLAM 法、FABMAP 法和 MS 法)相比,能够有效地提高节点识别的正确率,确保能够为仿生组合导航算法提供准确的位置约束。本书第 4 章以昆虫复眼感知天空偏振光定向的机理为启示,研制了多目偏振视觉航向传感器,在深入研究大气偏振模型和偏振光定向原理的基础上,提出了复杂环境下基于 TLS 的偏振光/惯性组合定向方法,能够为系统提供误差不随时间积累的航向约束。本章综合上述研究方法,旨在解决卫星拒止情况下地面和空中无人作战平台的自主导航问题,借鉴哺乳动物大脑海马区的构图识别机理与昆虫复眼定向机理,构建以航向约束和位置约束为机制的仿生组合导航算法,实现持续、可靠的导航结果输出。

本书的仿生组合导航算法总体框图如图 5.1 所示。总体框架设计包含两个层面:仿生机理和导航机制。仿生机理主要体现在导航拓扑图的构建、拓扑节点的识别以及仿生偏振光定向方面,以哺乳动物大脑海马区网格细胞的生物特性为启示,构建多尺度复合结构的导航拓扑图,在此基础上,进行多尺度的节点识别,通过传递导航经验信息或匹配图像特征点而实现定位;模拟昆虫复眼偏振光定向机理,通过惯性解算水平姿态辅助偏振光实现三维空间的定向,充分利用偏振光定向误差不随时间积累的优点,为导航系统提供准确的航向约束。导航机制主要指建立多传感器组合导航系统,融合位置约束信息和航向约束信息,一方面实现系统导航参数的优化和导航结果的输出,另一方面以当前位置信息辅助节点识别,提高识别的正确率和计算效率。下面将结合地面无人作战平台和空中无人作战平台的应用背景,分别设计相应的仿生组合导航算法。

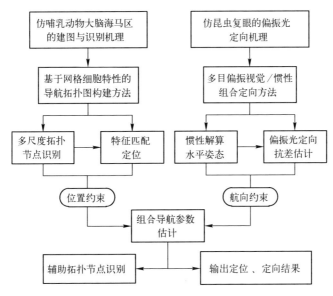

图 5.1 仿生组合导航算法总体框图

5.1.2 基于一维拓扑图的节点递推导航算法

基于一维拓扑图的节点递推导航算法主要面向地面无人作战平台应用,算法设计框图如图 5.2 所示。以离线的经验图像集和位置信息为输入,采用基于网格细胞特性的导航拓扑图构建方法,可以得到一维导航拓扑图。以在线采集的图像为识别输入,辅助位置信息,采用多尺度的识别策略,可实现准确的拓扑节点识别。在地面无人作战平台导航中,载体依据节点识别结果传递所包含的导航位置信息,需要对识别定位信息的合理性进行判别,避免因识别结果错误而导致定位信息错误的情形。在识别完成后,通过比较当前传递的识别位置信息与上一时刻载体的位置信息,判断当前识别定位结果是否可用于系统的位置约束,若识别定位信息合理可用,则以惯性/偏振光/视觉组合的方式进行导航;若识别定位信息不合理,则通过视觉里程计实现定位,利用偏振光进行定向。下面就算法的关键技术分别进行阐述。

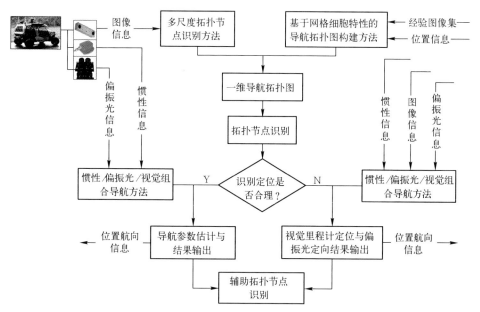

图 5.2 基于一维拓扑图的节点递推导航算法框图

1. 位置辅助节点识别

在利用导航拓扑图时,正确高效地识别拓扑节点是进行仿生组合导航的关键。结合第 2 章的多尺度节点识别算法,利用位置信息辅助识别,达到提高识别正确率、降低计算效率的目的。首先,根据上一时刻识别图像的位置信息,在导航拓扑节点区域内确定识别预选子节点,得到用于识别的导航拓扑子图。由于一维导航拓扑图呈线型,各拓扑节点与子节点按照顺序排列,因此当前时刻的预选识别子节点集 $\widetilde{V}_l$ 可表示为

$$\widetilde{V}_l = \{ v_l^k, v_l^{k+1}, \cdots v_l^{k+\Delta n} \} \tag{5.1}$$

式中:v_l^k 为上一时刻识别的子节点;Δn 为预选识别区的子节点个数。则预选识

别区所对应的导航拓扑子图为

$$\widetilde{G}_l(\widetilde{V}_l,\widetilde{E}_l) \subseteq G_l(V_l,E_l) \tag{5.2}$$

其次,采用多尺度序列图像匹配的方法进行节点识别。根据 2.3.1 节的构建方法可知,预选子节点集所对应的空间尺度为各子节点的空间尺度之和,由于子节点按照等间隔 Δ_l 分布,则预选子节点集的空间尺度为

$$\widetilde{S} = \Delta n \Delta_l \tag{5.3}$$

根据 3.2.2 节的识别方法,采用 Coarse-to-Fine 的识别策略,以图像特征距离最小为准则,确定当前图像序列在预选子节点序列中的位置。假设采用多个尺度进行节点识别,记为

$$s_p = \{s_1,s_2,\cdots,s_L\}, s_1 < s_2 \cdots < s_L \tag{5.4}$$

根据式(3.8)、式(3.9)可得,进行 Coarse 匹配识别的过程为

$$p_c = \arg\min_{q_c} \sum_{i=q_c}^{i=q_c+s_c-1} D_M(i-q_c+1,i), \forall q_c \in [1,\widetilde{S}-s_c+1] \tag{5.5}$$

式中:p_c 为进行 Coarse 识别的子节点序列,长度为 s_c;D_M 为图像特征距离;s_c 为识别尺度集中任一较大尺度,即 $s_c > s_1$。

根据式(3.10)~式(3.11)可得,进行 Fine 匹配识别的过程为

$$p_f = \arg\min_{q_f} \sum_{i=q_f}^{i=q_f+s_1-1} D_M(i-q_f+1,i), \forall q_f \in [p_c,p_c+s_c-s_1] \tag{5.6}$$

式中:q_f 为进行 Fine 识别的子节点序列,长度为 s_1。

根据式(3.12)融合多组 Coarse-to-Fine 的识别结果,确定最终的识别结果,过程可表示为

$$p_l = \arg\min_{p_f}(F(s_2,s_1,p_f^1),F(s_3,s_1,p_f^2),\cdots,F(s_L,s_1,p_f^{L-1})) \tag{5.7}$$

式中:p_l 为最终识别确定的子节点,所包含的导航经验信息经过传递即可得到载体的空间位置信息 $\widetilde{p}_l$。

在进行节点识别后,需要对识别定位信息的合理性进行判别,记载体当前时刻识别的位置信息 $\widetilde{p}_g(t)$ 与上一时刻的定位信息 $p_g(t-1)$ 之间的位移变化量为

$$|\Delta p(t)| = |\widetilde{p}_l(t) - p_g(t-1)| \tag{5.8}$$

假设载体的运动连续,位移变化阈值为 Δ_g,若满足 $|\Delta p(t)| \leq \Delta_g$,则表明该识别定位信息合理,能够为系统提供有效的位置约束,平台以惯性/偏振光/视觉组合的方式进行导航;若 $|\Delta p(t)| > \Delta_g$,则表明位置信息可能因识别不准确而存在较大的误差,不能够提供有效的位置约束,则平台以视觉里程计定位与惯性/偏振光组合定向的方式进行导航。

2. 基于导航拓扑图的惯性/偏振光组合导航算法

传统的惯性导航或视觉导航存在误差随时间积累而发散的问题,难以适用于无人作战平台长航时高精度的导航需求,因此需要观测约束抑制导航系统误差的累积发散。本书所提出的惯性/偏振光组合导航算法原理如图 5.3 所示,利用视觉传感器进行场景匹配获取的位置约束,惯性/偏振光测量天空偏振信息提供的航向约束,结合惯导系统动态适应性强的优势,利用卡尔曼滤波器对惯性/偏振光/视觉信息进行融合,实现导航参数的最优估计,并对惯导系统中陀螺与加速度计的零偏误差进行补偿。此外,组合导航输出的位置信息辅助下一时刻的拓扑节点识别。

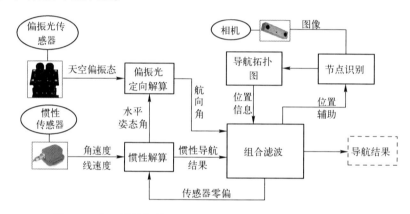

图 5.3　基于导航拓扑图的惯性/偏振光组合导航原理示意图

假设在地固坐标系(e 系)下进行导航解算,采用卡尔曼滤波对惯性/偏振光/视觉的传感器信息进行融合,设滤波器的误差状态向量为

$$X = \begin{bmatrix} \delta p & \delta v & \varepsilon & \delta\omega & \delta f \end{bmatrix} \tag{5.9}$$

式中:δp 为位置误差;δv 为速度误差;ε 为失准角误差;$\delta\omega$ 和 δf 分别为惯性系统中陀螺和加速度计的常值零偏。

假设在地固坐标系下进行导航解算,则根据文献[3,4]可以得系统的状态误差方程,其中位置误差方程为

$$\delta\dot{p} = \delta v \tag{5.10}$$

速度误差方程为

$$\delta\dot{v} = -F^e \varepsilon + C_b^e \delta f - 2\omega_{ie}^e \times \delta v + \delta g \tag{5.11}$$

式中:F^e 为加速度计测量值在 e 系中投影所组成的反对称矩阵;C_b^e 为姿态转移矩阵;ω_{ie}^e 为地球自转角速度;δg 为重力矢量误差。

失准角误差方程可简写为

$$\dot{\boldsymbol{\varepsilon}} = -\boldsymbol{\Omega}_{ie}^{e}\boldsymbol{\varepsilon} + \boldsymbol{C}_{b}^{e}\delta\boldsymbol{\omega} \tag{5.12}$$

式中:$\boldsymbol{\Omega}_{ie}^{e}$为地球自转角速度$\boldsymbol{\omega}_{ie}^{e}$的反对称矩阵。

陀螺与加速度计的误差主要由常值零偏和随机常数误差组成,则

$$\delta\dot{\boldsymbol{\omega}} = 0 \tag{5.13}$$

$$\delta\dot{\boldsymbol{f}} = 0 \tag{5.14}$$

根据以上误差方程可得卡尔曼滤波器的系统状态方程[169]为

$$\dot{\boldsymbol{X}}(t) = \boldsymbol{F}(t)\boldsymbol{X}(t) + \boldsymbol{W}(t) \tag{5.15}$$

式中:$\boldsymbol{F}$为系统状态矩阵;$\boldsymbol{W}$为系统白噪声。

忽略重力矢量误差,状态转移矩阵可表示为

$$\boldsymbol{F} = \begin{bmatrix} \boldsymbol{0}_{3\times3} & \boldsymbol{I}_{3\times3} & \boldsymbol{0}_{3\times3} & \boldsymbol{0}_{3\times3} & \boldsymbol{0}_{3\times3} \\ \boldsymbol{0}_{3\times3} & \left[-2\boldsymbol{\omega}_{ie}^{e}\times\right] & -\boldsymbol{F}^{e} & \boldsymbol{0}_{3\times3} & \boldsymbol{C}_{b}^{e} \\ \boldsymbol{0}_{3\times3} & \boldsymbol{0}_{3\times3} & -\boldsymbol{\Omega}_{ie}^{e} & \boldsymbol{C}_{b}^{e} & \boldsymbol{0}_{3\times3} \\ \boldsymbol{0}_{3\times3} & \boldsymbol{0}_{3\times3} & \boldsymbol{0}_{3\times3} & \boldsymbol{0}_{3\times3} & \boldsymbol{0}_{3\times3} \\ \boldsymbol{0}_{3\times3} & \boldsymbol{0}_{3\times3} & \boldsymbol{0}_{3\times3} & \boldsymbol{0}_{3\times3} & \boldsymbol{0}_{3\times3} \end{bmatrix} \tag{5.16}$$

组合系统的观测量分别为拓扑节点识别获取的位置参考和偏振光传感器得到的航向参考,设系统观测量为

$$\boldsymbol{Z}(t) = \begin{bmatrix} \boldsymbol{Z}_{P}(t) & \boldsymbol{Z}_{v}(t) & \boldsymbol{Z}_{\psi}(t) \end{bmatrix}^{\mathrm{T}} \tag{5.17}$$

式中:$\boldsymbol{Z}_{P}$和$\boldsymbol{Z}_{v}$分别为系统的位置和速度观测误差;$\boldsymbol{Z}_{\psi}$为航向观测误差,满足如下关系。

$$\boldsymbol{Z}_{p}(t) = \boldsymbol{p}_{g}(t) - \widetilde{\boldsymbol{p}}_{l}(t) \tag{5.18}$$

$$\boldsymbol{Z}_{v}(t) = \dot{\boldsymbol{Z}}_{p}(t) \tag{5.19}$$

$$\boldsymbol{Z}_{\psi} = \begin{bmatrix} 1 & 1 & 1 \end{bmatrix}^{\mathrm{T}}(\psi_{g}(t) - \psi_{P}(t)) \tag{5.20}$$

式中:$\boldsymbol{p}_{g}$为惯导解算的位置;$\widetilde{\boldsymbol{p}}_{l}$为节点识别获取的位置参考;$\psi_{g}$为惯导解算的航向角;$\psi_{P}$为偏振光解算得到的航向参考。

本书中,滤波器中与姿态相关的状态向量为失准角误差,而系统的直接观测为航向角,因此需要一定转换关系将其间接引入滤波观测方程。根据文献[4]可知,系统的姿态转移矩阵$\boldsymbol{C}_{b}^{e}$与失准角误差$\boldsymbol{\varepsilon}$满足如下关系:

$$\delta\boldsymbol{C}_{b}^{e} = -\begin{bmatrix} \boldsymbol{\varepsilon}\times \end{bmatrix}\boldsymbol{C}_{b}^{e} \tag{5.21}$$

式中:$\begin{bmatrix} \boldsymbol{\varepsilon}\times \end{bmatrix}$为失准误差角向量对应的反对称矩阵。

姿态转移矩阵表示系统分别沿不同的空间坐标轴,按照一定顺序转动得到[4],也可表示为

$$\boldsymbol{C}_{b}^{e} = \boldsymbol{C}_{1}(\psi)\boldsymbol{C}_{2}(\theta)\boldsymbol{C}_{1}(r) \tag{5.22}$$

式中:ψ、θ 和 r 分别为载体的航向角、俯仰角和滚动角;C_1、C_2 和 C_3 分别为相应的姿态变化矩阵。

假设在短时间内,平台的水平角变化近似为零,则对上式两边同时微分,省略与水平角变化相关的子项可得

$$\delta C_b^e = \dot{C}_1(\psi) C_2(\theta) C_3(r) (\psi_g - \psi_P) \tag{5.23}$$

对比式(5.21)可得

$$-[\boldsymbol{\varepsilon} \times] C_b^e = \dot{C}_1(\psi) C_2(\theta) C_3(r) (\psi_g - \psi_P) \tag{5.24}$$

通过对上式求解,具体推导过程见附录 B,可得

$$Z_\psi(t) = A_\psi \boldsymbol{\varepsilon} \tag{5.25}$$

根据式(5.9)定义的系统状态,则可得系统的观测方程为

$$Z(t) = H(t) X(t) + N(t) \tag{5.26}$$

式中:$H(t) = \begin{bmatrix} I_{3\times3} & 0_{3\times3} & 0_{3\times3} & 0_{3\times6} \\ 0_{3\times3} & I_{3\times3} & 0_{3\times3} & 0_{3\times6} \\ 0_{3\times3} & 0_{3\times3} & A_\psi & 0_{3\times6} \end{bmatrix}$ 为系统观测矩阵;$N(t)$ 为观测的高斯白噪声。

至此,式(5.15)和式(5.26)构成完整的仿生组合导航滤波器模型。

在实际进行导航参数估计时,需要先对上述模型进行离散化处理,然后完成滤波估计,具体离散化过程可参考文献[170]。最终,系统误差状态的滤波估计过程如下所示。

系统状态预测方程为

$$\hat{X}_k^- = \boldsymbol{\Phi}_{k-1} \hat{X}_{k-1}^+ \tag{5.27}$$

$$P_k^- = \boldsymbol{\Phi}_{k-1} P_k^+ \boldsymbol{\Phi}_{k-1}^{\mathrm{T}} + Q_{k-1} \tag{5.28}$$

状态更新方程为

$$K_k = P_k^- H_k^{\mathrm{T}} (H_k P_k^- H_k^{\mathrm{T}} + R_k)^{-1} \tag{5.29}$$

$$\hat{X}_k^+ = \hat{X}_k^- + K_k (Z_k - H_k \hat{X}_k^-) \tag{5.30}$$

$$P_k^+ = (I - K_k H_k) P_k^- \tag{5.31}$$

式中:$(\cdot)^-$ 与 $(\cdot)^+$ 分别为滤波更新前后的状态;Q_k 与 R_k 分别为系统过程噪声与观测噪声的协方差矩阵。

在组合系统完成导航参数滤波估计后,则在 t_k 时刻,载体的位置信息 $p_g^{(k)}$ 与航向角信息 $\psi_g^{(k)}$ 分别为

$$p_g^{(k)} = \hat{p}_g^{(k)} - \delta p_g^{(k)} \tag{5.32}$$

$$\psi_g^{(k)} = \hat{\psi}_g^{(k)} \tag{5.33}$$

式中: $\hat{\boldsymbol{p}}_g^{(k)}$ 与 $\hat{\psi}_g^{(k)}$ 分别为修正惯导器件误差解算得到的位置与航向角信息。

3. 视觉里程计

当识别定位信息不合理时,系统通过视觉里程计估计载体相对位移,实现短时定位,同时使用偏振光传感器获取载体的航向信息。视觉里程计是通过单个或多个相机获取相应的图像序列,经过图像特征提取、特征匹配与跟踪等处理过程,估算得到载体运动位置和姿态变化的过程[171-173]。本书采用 LIBVISO2-S (Library for Visual Odometry 2-Stereo)算法[174,175]进行视觉里程计的运动估计,该算法通过优化匹配特征点的重投影误差实现摄像机的运动估计,具有计算效率高、鲁棒性强的特点。

假设两个连续时刻 t_{k-1} 和 t_k,相机采集的连续图像通过匹配得到 n 个特征点,并且已知各特征点的空间坐标和图像坐标。在 t_{k-1} 时刻,各特征点的空间坐标 $\boldsymbol{X}_i = (X_i, Y_i, Z_i)^T$ 通过旋转矩阵 $\boldsymbol{R}$ 和位移矢量 $\boldsymbol{t}$ 投影到当前 t_k 时刻的图像坐标系中,存在一定的重投影误差。对于左右两个相机,所有特征点的重投影误差和为

$$\varepsilon(\boldsymbol{R},\boldsymbol{t}) = \sum_{i=1}^{n} \| \boldsymbol{x}_i^l - \boldsymbol{\pi}^l(\boldsymbol{R}\boldsymbol{X}_i + \boldsymbol{t}) \|^2 + \| \boldsymbol{x}_i^r - \boldsymbol{\pi}^r(\boldsymbol{R}\boldsymbol{X}_i + \boldsymbol{t}) \|^2 \quad (5.34)$$

式中: $\boldsymbol{x}_i^l$ 和 $\boldsymbol{x}_i^r$ 为特征点在左右相机中的图像坐标; $\boldsymbol{\pi}^l$ 和 $\boldsymbol{\pi}^r$ 为左右相机的映射矩阵。

据此,可建立如下目标优化函数:

$$\min \ \varepsilon(\boldsymbol{R},\boldsymbol{t}) = \sum_{i=1}^{n} \| \boldsymbol{x}_i^l - \boldsymbol{\pi}^l(\boldsymbol{R}\boldsymbol{X}_i + \boldsymbol{t}) \|^2 + \| \boldsymbol{x}_i^r - \boldsymbol{\pi}^r(\boldsymbol{R}\boldsymbol{X}_i + \boldsymbol{t}) \|^2$$
$$\text{s.t.} \quad \boldsymbol{R} \in SO(3), \boldsymbol{t} \in \mathbf{R}^3$$
$$(5.35)$$

利用 Levenberg-Marquardt 法[176]或 Gauss-Newton 法[174],经过优化即可求得从 t_{k-1} 时刻至 t_k 时刻的旋转矩阵 $\boldsymbol{R}_{k,k-1}$ 和位移变化矢量 $\boldsymbol{t}_{k,k-1}$,即

$$(\boldsymbol{R}_{k,k-1}, \boldsymbol{t}_{k,k-1}) = \arg \min_{\boldsymbol{R},\boldsymbol{t}} \varepsilon(\boldsymbol{R},\boldsymbol{t}) \quad (5.36)$$

此时,载体的位置和航向信息分别为

$$\boldsymbol{p}_g^{(k)} = \boldsymbol{p}_g^{(k-1)} + \boldsymbol{t}_{k,k-1} \quad (5.37)$$
$$\psi_g^{(k)} = \psi_p^{(k)} \quad (5.38)$$

若连续多个时刻使用视觉里程计,则按照递推的方式进行更新定位结果。将平移与旋转变化统一用 $\boldsymbol{T}_{k,k-1} \in \mathbf{R}^{4\times4}$ 表示:

$$\boldsymbol{T}_{k,k-1} = \begin{bmatrix} \boldsymbol{R}_{k,k-1} & \boldsymbol{t}_{k,k-1} \\ 0 & 1 \end{bmatrix} \quad (5.39)$$

则连续 m 时刻的递推过程为

$$T_{k,k-m} = T_{k,k-1}T_{k-1,k-2}\cdots T_{k-m-1,k-m} \tag{5.40}$$

则无人作战平台的定位结果可由 $T_{k,k-m}$ 获得,定向结果直接由偏振光罗盘得到。

▶ 5.1.3 基于二维拓扑图的节点递推导航算法

基于二维拓扑图的节点递推导航算法主要面向空中无人作战平台使用,其算法设计框图如图 5.4 所示。首先利用经验数字地图和地理信息,采用 2.3.2 节中的构建方法,完成二维导航拓扑图的构建,其中拓扑节点的建立与导航系统的传感器精度有关,根据边界条件所构建的拓扑节点,能够保证载体在未补偿误差的情况下能够达到目标节点区域。其次,根据载体位置信息预选识别子区域,采用 3.2.3 节中的节点识别方法,确定识别区域的场景位置,根据 3.3.2 节中的匹配定位方法,进而确定载体的空间位置。最后判别定位信息的合理性,确定信息融合方式,进行导航参数的估计。

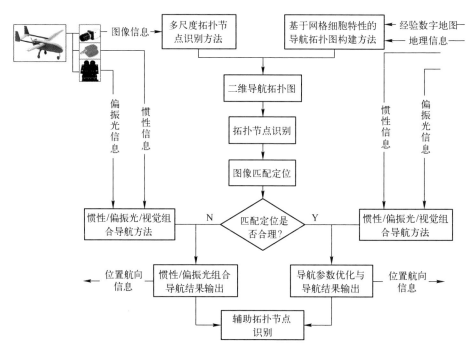

图 5.4 基于二维拓扑图的节点递推导航算法框图

在二维拓扑图的节点递推导航算法中,正确地识别拓扑子节点是平台实现导航的关键。本节将重点讨论在二维导航拓扑图中,如何利用位置信息辅助节点识别,以达到提高识别正确率和计算效率的目的。首先,在二维导航拓扑图中,节点区域内的子节点呈网格状分布,子节点的连通边为多向连接,可利用子节点的空间位置信息确定用于识别的导航拓扑子图。假设预选拓扑子图所对应的子节点集为 $\tilde{V}_r$,所包含任一的拓扑子节点为 $\tilde{v}_r^k$,对应的空间位置为 $\tilde{\boldsymbol{p}}_r^k$,设预选的节点位置变化为 $\Delta\tilde{\boldsymbol{p}}$,则可得预选的拓扑子节点集为

$$\tilde{V}_r = \{v_r^k(\tilde{\boldsymbol{p}}_r^k) \mid \| \bar{\boldsymbol{p}}_r(t-1) - \tilde{\boldsymbol{p}}_r^k(t) \| \leqslant \Delta\tilde{\boldsymbol{p}}\} \tag{5.41}$$

式中: $\tilde{\boldsymbol{p}}_r(t-1)$ 为上一时刻识别子节点的空间位置。对应的导航拓扑子图为

$$\tilde{G}_r(\tilde{V}_r, \tilde{E}_r) \subseteq G_r(V_r, E_r) \tag{5.42}$$

其次,利用 3.2.3 节中的多尺度图像匹配方法实现拓扑子节点的识别。将目标识别图像与拓扑子图中各子节点图像的对比,可以得到不同尺度、不同位置下的图像特征差值,再按照各子节点的位置,融合不同尺度下的图像特征对比结果,即多尺度下目标识别图像与各子节点图像的特征差值向量,记为

$$\boldsymbol{g}(\boldsymbol{p}_r) = \left[\sum_{i=1}^{N} \| \boldsymbol{V}_T(s_i) - \boldsymbol{V}_R^1(\boldsymbol{p}_r^1, s_i) \|, \cdots, \sum_{i=1}^{N} \| \boldsymbol{V}_T(s_i) - \boldsymbol{V}_R^m(\boldsymbol{p}_r^m, s_i) \| \right]$$
$$\tag{5.43}$$

式中: $\boldsymbol{p}_r$ 为各子节点的空间位置矢量; s_i 为识别尺度; $\boldsymbol{V}_T$ 为待识别区域的图像特征矢量; $\boldsymbol{V}_R$ 为拓扑子节点的图像特征矢量; N 为识别尺度个数; m 为拓扑子图包含的子节点个数。

为了得到稠密的差值分布,使得识别结果更为准确,本书采用线性插值的方法,按照识别节点的位置对匹配差值进行稠密化处理,并根据匹配差值确定最终识别结果:

$$\boldsymbol{p}_f = \arg\min_{\boldsymbol{p}} \bar{g}(\boldsymbol{p}) \tag{5.44}$$

式中: $\boldsymbol{p}_f$ 为识别结果的位置信息,对应区域的图像 I_f 为

$$I_f(\boldsymbol{p}_I) = \{\boldsymbol{p}_I \mid \| \boldsymbol{p}_I - \boldsymbol{p}_f \| \leqslant r_I\} \tag{5.45}$$

式中: $\boldsymbol{p}_I$ 为识别结果中任一像素位置, r_I 为图像半径。

基于二维拓扑图的节点递推导航算法实现框图如图 5.5 所示。结合导航拓扑图进行节点识别,利用识别结果进行匹配定位,获取载体的空间位置信息,具体参考 3.3.2 节中的方法若定位信息合理,则系统以惯性/偏振光/视觉组合的方式进行导航,若不合理则以惯性/偏振光组合的方式进行导航,具体实现方法可参考 5.1.1 节内容。

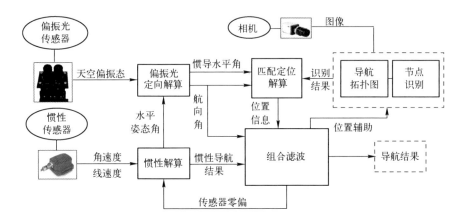

图 5.5　基于二维拓扑图的节点递推导航算法实现框图

5.2　算法误差分析

本书所提出的仿生导航算法主要通过组合滤波,融合多传感器的信息来估计载体的导航参数,而在组合滤波中,观测信息将直接影响组合结果的精度。首先研究了不同观测约束下组合算法的基本性能,验证了融合观测约束信息能够明显提高系统的导航精度;其次结合 3.3 节中的特征匹配定位方法,对影响位置约束信息精度的主要因素进行了深入分析。有关影响航向约束信息精度的内容请参考 3.4 节内容。

 5.2.1　不同观测约束的影响

根据图 5.3 所示的组合基本原理可知,视觉传感器通过识别与特征点匹配提供位置约束,惯性与偏振光组合实现航向约束,经过滤波器实现惯性/偏振光/视觉信息的有效融合,实现导航参数的最优估计,并对惯性器件零偏进行补偿。本节设计了仿真验证实验,通过对比在不同观测约束信息下的导航结果,说明组合算法的有效性和可行性。

假设飞机沿北向匀速直线飞行,初始经纬高为 $[113.04°, 28.19°, 300]$,初始姿态(俯仰角、滚动角和航向角)为 $[0°, 0°, 0°]$,飞行速度为 $50\mathrm{m/s}$,时长为 $300\mathrm{s}$。惯性器件参数:陀螺的常值零偏为 $0.005°/\mathrm{h}$,随机噪声为 $0.0065°/\sqrt{\mathrm{h}}$,加速度计零偏为 $0.05\mathrm{mg}$,随机噪声为 $0.32\mathrm{\mu g}/\sqrt{\mathrm{Hz}}$;姿态初始对准误差均为 $3°$,偏

振光传感器所提供的航向精度约 0.2°, 视觉匹配定位精度为 20m, 具体结果如图 5.6~图 5.8 所示。

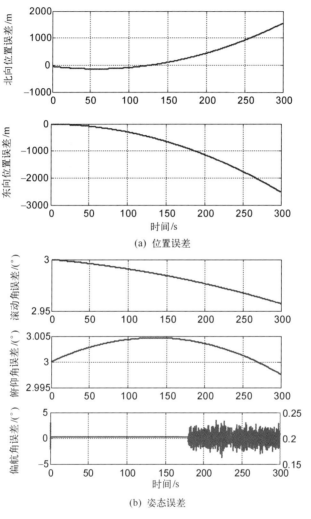

(a) 位置误差

(b) 姿态误差

图 5.6 惯性/偏振光组合仿真结果

图 5.6 为惯性/偏振光组合仿真结果, 此时系统仅有航向观测信息。从图中可看出, 系统的航向能够收敛至观测信息的精度水平, 而水平位置 (北向与东向位移) 与水平姿态 (滚动角 (roll) 和俯仰角 (pitch)) 结果均发散。图 5.7 为 "惯性/偏振光+拓扑图" 算法仿真结果, 此时系统通过识别拓扑图中的节点而获取位置观测信息, 此时, 水平位移与水平姿态均能够收敛, 由于没有航向约束,

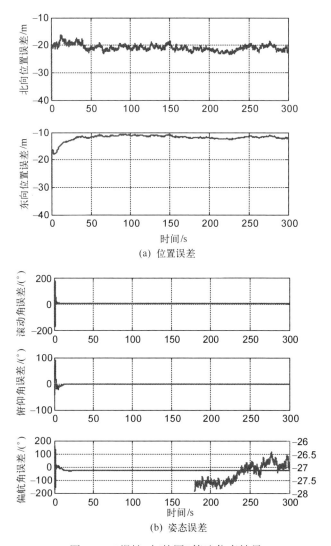

图 5.7 "惯性+拓扑图"算法仿真结果

并且在匀速运动时航向不可观,因此航向结果发散。图 5.8 为"惯性/偏振光+拓扑图"组合结果,此时系统有位置约束和航向约束,从图可得,载体水平位置与姿态结果均收敛,并且误差最小,表明基于"航向约束+位置约束"所设计的惯性/偏振光/视觉组合算法能够实现导航参数的有效估计,与单约束(仅位置或航向约束)相比,系统的导航性能也更优。

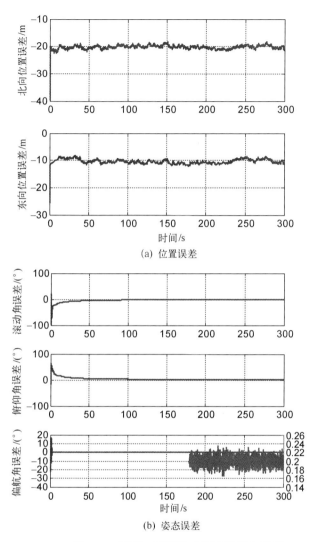

图 5.8 "惯性/偏振光+拓扑图"组合结果

5.2.2 匹配定位误差分析

在地面无人作战平台的应用仿生导航算法时,载体可通过识别节点直接提取所包含的导航经验信息,从而确定自身的位置,而在空中无人作战平台的应用中,通过识别直接获取的是场景图像的空间位置信息,需要经过匹配定位才能获取载体自身的空间位置信息。本节主要结合空中无人作战平台的匹配定位方法进行误差分析。

图像特征匹配定位方法的基本过程可参考 3.3 节内容,匹配定位算法的误差链如图 5.9 所示。从中可看出影响匹配定位精度的主要因素有:一是识别结果的准确程度,待识别区域与节点区域越接近,准确程度越高,这是保证定位结果精度的关键;二是特征点匹配的正确率,利用正确的匹配点对是进行定位解算的基础;三是测量误差,主要包括相机的像素噪声、惯性器件与偏振光传感器测量解算的姿态角误差、特征点的地理高度误差和水平位置误差。前两种因素是保证定位解算基本有效的基础,本书的误差分析建立在识别结果准确、特征点匹配正确的基础上,主要讨论研究测量误差对定位精度的影响。

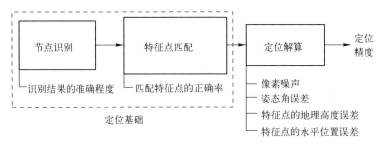

图 5.9 匹配定位算法的误差链

测量误差对定位精度的影响主要包括相机的像素噪声 $\Delta X^c(\Delta u, \Delta v)$、载体的姿态角误差 $\Delta \boldsymbol{\alpha}(\Delta r, \Delta \theta, \Delta \psi)$、特征点的地理高程误差 Δh 和拓扑地图的分辨率误差。在拓扑地图中,特征点经纬度信息精度较高,但地理高度信息的误差较大,即导航 n 系中的 z^n(即高度 h)不准确;特征点的水平误差($\Delta x_n, \Delta y_n$)与拓扑地图的分辨率相关,其表示单个像素点所代表的最小空间距离。下面分别对各项测量误差进行分析。

1. 图像像素噪声的影响

根据 3.3.2 节的定位方法,假设至少 2 个正确匹配点 $\boldsymbol{X}_1^c(u_1, v_1)$ 和 $\boldsymbol{X}_2^c(u_2, v_2)$,代入式(3.22)可得

$$
\begin{bmatrix}
-1 & 0 & u_1 \\
0 & -1 & v_1 \\
-1 & 0 & u_2 \\
0 & -1 & v_2
\end{bmatrix}
\begin{bmatrix}
T_1 \\
T_2 \\
T_3
\end{bmatrix}
=
\begin{bmatrix}
(m_{11}-u_1 m_{31}) x_1^n + (m_{12}-u_1 m_{32}) y_1^n + (m_{13}-u_1 m_{33}) z_1^n \\
(m_{21}-v_1 m_{31}) x_1^n + (m_{22}-v_1 m_{32}) y_1^n + (m_{23}-v_1 m_{33}) z_1^n \\
(m_{11}-u_2 m_{31}) x_2^n + (m_{12}-u_2 m_{32}) y_2^n + (m_{13}-u_2 m_{33}) z_2^n \\
(m_{21}-v_2 m_{31}) x_2^n + (m_{22}-v_2 m_{32}) y_2^n + (m_{23}-v_2 m_{33}) z_2^n
\end{bmatrix}
$$

$$(5.46)$$

整理可得

$$\boldsymbol{A}_c \boldsymbol{T} = \boldsymbol{B}_c \tag{5.47}$$

采用最小二乘求解可得

$$T = (A_c^T A_c)^{-1} A_c^T B_c \tag{5.48}$$

则

$$T_n^b = K_c^{-1} (A_c^T A_c)^{-1} A_c^T B_c \tag{5.49}$$

像素噪声 ΔX^c 对定位精度的影响可表示为

$$\Delta p_c = T_n^b(X^c + \Delta X^c) - T_n^b(X^c) \approx \frac{\mathrm{d}T_n^b}{\mathrm{d}X^c} \Delta X^c \tag{5.50}$$

代入上式可得:

$$\Delta p_c \approx K_c^{-1} \left(\frac{\mathrm{d}((A_c^T A_c)^{-1} A_c^T B_c)}{\mathrm{d}X^c} \right) \Delta X^c = \bar{J}_c \Delta X^c \tag{5.51}$$

一般地,像素噪声在 u 和 v 方向相等,即 $\Delta u = \Delta v$,则

$$\Delta p_c \approx \bar{J}_c \Delta X^c = \begin{bmatrix} \bar{J}_c(1,1)\Delta u + \bar{J}_c(1,2)\Delta v \\ \bar{J}_c(2,1)\Delta u + \bar{J}_c(2,2)\Delta v \\ \bar{J}_c(3,1)\Delta u + \bar{J}_c(3,2)\Delta v \end{bmatrix} = J_c \Delta u = J_c \Delta v \tag{5.52}$$

式中:J_c 为像素噪声对定位精度的影响因子,单位为 m/pixel,为 3×1 向量,分别表示对三个坐标轴方向的影响,记为 $J_c = \begin{bmatrix} J_c^x & J_c^y & J_c^z \end{bmatrix}^T$。

假设相机的标定参数为 $f = 592$,$u_0 = 517$,$v_0 = 389$,载体的姿态角在一定范围内变化,滚动角为 $-20° \leqslant r \leqslant 20°$,俯仰角为 $-20° \leqslant \theta \leqslant 20°$,航向角为 $-90° \leqslant \psi \leqslant 90°$,则像素噪声对定位结果的轴向影响因子 (J_c^x, J_c^y, J_c^z) 和 $\|J_c\|$ 的变化结果如图 5.10 所示。

从图 5.10 中可得出以下结论:

(1) 像素噪声对水平方向(x 和 y 轴方向)定位精度影响较大,对高度方向(z 轴方向)的估计精度影响较小;例如图(a)~(c)中,水平方向的精度影响因子可达 0.85(m/pixel),而高度方向的影响因子仅达 0.32(m/pixel)。

(2) 当姿态角的变化范围为 [−20°,20°] 时,像素噪声影响因子模的变化范围约为 0.45~1.15(m/pixel)左右。

(3) 当航向角固定不变时,随着滚动角的减小,像素噪声对定位精度的影响也越大。

(4) 当平台保持水平时,像素噪声对定位精度的影响保持不变,影响因子的模约为 0.66(m/pixel)。

2. 姿态误差角的影响

姿态误差角 $\Delta \alpha$ 主要包括滚动角误差 Δr、俯仰角误差 $\Delta \theta$ 和航向角误差 $\Delta \psi$,其中滚动角和俯仰角的误差由系统的惯性传感器精度所决定,航向角误差

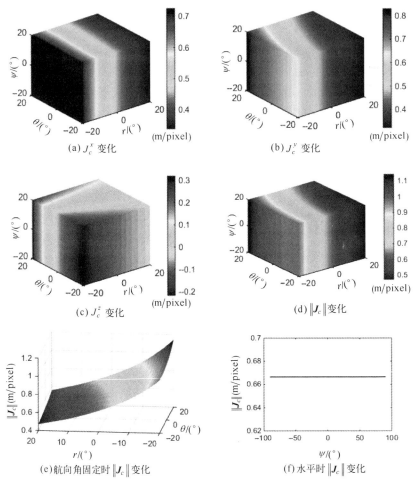

(a) J_c^x 变化

(b) J_c^y 变化

(c) J_c^z 变化

(d) $\|\boldsymbol{J}_c\|$ 变化

(e)航向角固定时 $\|\boldsymbol{J}_c\|$ 变化

(f)水平时 $\|\boldsymbol{J}_c\|$ 变化

图 5.10　像素噪声对定位精度的影响因子变化结果

由偏振光传感器决定。

由式(5.49)可得,姿态误差向量 $\Delta\boldsymbol{\alpha}$ 对定位精度的影响可表示为

$$\Delta\boldsymbol{p}_\alpha = \boldsymbol{T}_n^b(\boldsymbol{\alpha}+\Delta\boldsymbol{\alpha})-\boldsymbol{T}_n^b(\boldsymbol{\alpha}) \approx \frac{\mathrm{d}\boldsymbol{T}_n^b}{\mathrm{d}\boldsymbol{\alpha}}\Delta\boldsymbol{\alpha} \qquad (5.53)$$

整理可得

$$\Delta\boldsymbol{p}_\alpha \approx \boldsymbol{K}_c^{-1}\left(\frac{\mathrm{d}((\boldsymbol{A}_c^\mathrm{T}\boldsymbol{A}_c)^{-1}\boldsymbol{A}_c^\mathrm{T}\boldsymbol{B}_c)}{\mathrm{d}\boldsymbol{\alpha}}\right)\Delta\boldsymbol{\alpha} = \boldsymbol{J}_r\Delta r+\boldsymbol{J}_\theta\Delta\theta+\boldsymbol{J}_\psi\Delta\psi \qquad (5.54)$$

式中:$\boldsymbol{J}_\alpha=[\boldsymbol{J}_r\ \ \boldsymbol{J}_\theta\ \ \boldsymbol{J}_\psi]$ 为姿态误差对定位精度的影响系数矩阵,单位为 m/(°)。以 $\boldsymbol{J}_r$ 为例,其为3×1向量,由三个坐标轴方向影响系数组成,则其对整体定位精

度的影响系数可记为 $\| \boldsymbol{J}_r \|$。

假设相机的标定参数不变,载体姿态角的变化范围为 $[-20°,20°]$,滚动角和俯仰角由中高精度的惯性器件(如 MTI-700)解算得到,精度约为 $0.3°$,航向角偏振光传感器提供。假设精度约为 $0.2°$,则姿态角误差对定位结果的轴向影响系数 $\| \boldsymbol{J}_r \|$、$\| \boldsymbol{J}_\theta \|$ 和 $\| \boldsymbol{J}_\psi \|$ 变化结果如图 5.11 所示。

从图 5.11 中可得出以下结论。

(1) 滚动角与航向角的误差对定位精度影响较大,俯仰角误差影响较小。如图 5.11(a)、(d) 和 (g) 所示,当姿态角变化范围为 $[-20°,20°]$ 时,滚动角和航向角误差对定位精度的影响因子最大可至 $12.60(\mathrm{m}/(°))$ 左右,而俯仰角误差的影响因子最大为 $8.80(\mathrm{m}/(°))$ 左右。

(2) 当航向角固定不变时,随着滚动角的增大,其误差对定位精度的影响也越大;类似地,随着滚动角的增大,俯仰角的减小,俯仰角误差和航向角误差对定位精度的影响也越大。

(3) 当载体保持水平时,姿态角误差对定位精度的影响因子保持不变,其中滚动角误差的影响因子约为 $4.22(\mathrm{m}/(°))$,俯仰角误差的影响因子约为 $4.25(\mathrm{m}/(°))$,航向角的影响因子约为 $4.96(\mathrm{m}/(°))$。

3. 地理高度误差的影响

一般在地图中特征点的经纬度信息比较准确,而高度信息则会存在较大误差。由于特征点的地理位置信息直接与平台的定位解算相关,因此有必要分析匹配特征点的地理高度误差 Δh 对定位精度的影响。

类似地,由式 (5.49) 可知,地理高度误差 Δh 对定位精度的影响可表示为

$$\Delta \boldsymbol{p}_h = \boldsymbol{T}_n^b(h+\Delta h) - \boldsymbol{T}_n^b(h) \approx \frac{\mathrm{d}\boldsymbol{T}_n^b}{\mathrm{d}h}\Delta h \tag{5.55}$$

整理可得

$$\Delta \boldsymbol{p}_h \approx \boldsymbol{K}_c^{-1}\left(\frac{\mathrm{d}((\boldsymbol{A}_c^{\mathrm{T}}\boldsymbol{A}_c)^{-1}\boldsymbol{A}_c^{\mathrm{T}}\boldsymbol{B}_c)}{\mathrm{d}h}\right)\Delta h = \boldsymbol{J}_h\Delta h \tag{5.56}$$

式中:$\boldsymbol{J}_h$ 为地理高度误差对定位精度的影响系数,其为 $3×1$ 向量,分别表示对三个坐标轴方向的影响,记为 $\boldsymbol{J}_h = [J_h^x \quad J_h^y \quad J_h^z]^{\mathrm{T}}$,则其对整体定位精度的影响系数可记为 $\| \boldsymbol{J}_h \|$。

假设相机的标定参数不变,载体姿态角的变化范围也为 $[-20°,20°]$,则地理高度误差对定位结果的轴向影响因子和整体影响因子变化结果如图 5.12 所示,其中幅值为对应无单位实数。

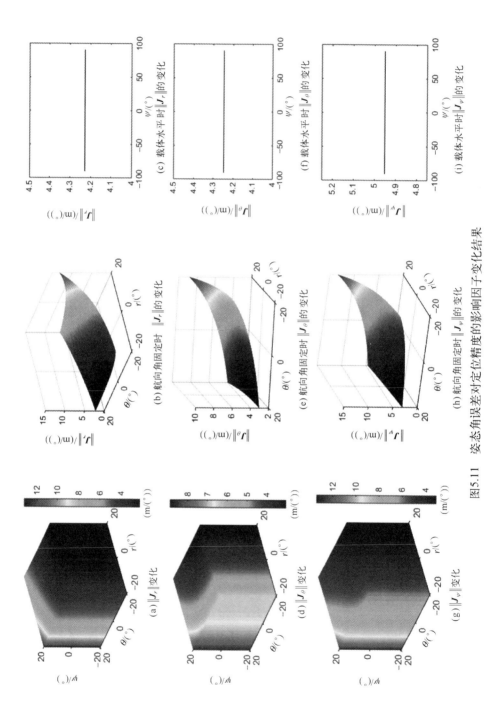

图5.11 姿态角误差对定位精度的影响因子变化结果

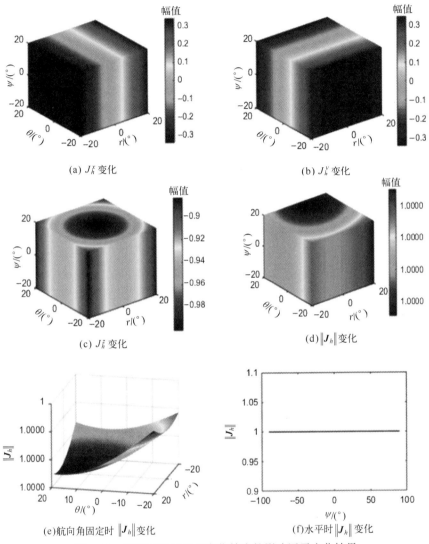

(a) J_h^x 变化

(b) J_h^y 变化

(c) J_h^z 变化

(d) $\|J_h\|$ 变化

(e) 航向角固定时 $\|J_h\|$ 变化

(f) 水平时 $\|J_h\|$ 变化

图 5.12 地理高度误差对定位精度的影响因子变化结果

从图 5.12 中可得出以下结论。

（1）地理高度误差对水平方向的定位精度影响较小,对高度方向的估计精度影响较大;例如图 5.12(a)~(c)中,水平方向的精度影响因子最大仅为 0.33 左右,而高度方向的影响因子最大可达 0.97。

（2）当姿态角的变化范围为 $[-20°,20°]$ 时,地理高度误差等量的传递至定位精度。

（3）无论航向角固定不变或保持水平,地理高度误差对定位精度的影响始终不变,影响因子的模为 1。

4. 水平位置误差的影响

特征点的水平位置误差与拓扑地图的分辨率相关,其表示单个像素点对应的最小距离,记地理水平位置误差 $\Delta \boldsymbol{m} = (\Delta x_n, \Delta y_n)$,其中 $\Delta x_n = \Delta y_n$。

类似地,由式(5.49)可得,地理水平位置误差对定位精度的影响可表示为

$$\Delta \boldsymbol{p}_m = \boldsymbol{T}_n^b(\boldsymbol{m} + \Delta \boldsymbol{m}) - \boldsymbol{T}_n^b(\boldsymbol{m}) \approx \frac{\mathrm{d}\boldsymbol{T}_n^b}{\mathrm{d}\boldsymbol{m}} \Delta \boldsymbol{m} \qquad (5.57)$$

整理可得

$$\Delta \boldsymbol{p}_m \approx \boldsymbol{K}_c^{-1} \left(\frac{\mathrm{d}((\boldsymbol{A}_c^{\mathrm{T}} \boldsymbol{A}_c)^{-1} \boldsymbol{A}_c^{\mathrm{T}} \boldsymbol{B}_c)}{\mathrm{d}\boldsymbol{m}} \right) \Delta \boldsymbol{m} = \boldsymbol{J}_m \Delta x_n = \boldsymbol{J}_m \Delta y_n \qquad (5.58)$$

式中:$\boldsymbol{J}_m$ 为特征点水平位置误差对定位精度的影响因子,其为 3×1 向量,分别表示对三个坐标轴方向的影响,记为 $\boldsymbol{J}_m = \begin{bmatrix} J_m^x & J_m^y & J_m^z \end{bmatrix}^{\mathrm{T}}$,其对整体定位精度的影响因子为 $\| \boldsymbol{J}_m \|$。

假设相机的标定参数依然不变,载体姿态角的变化范围为 $[-20°, 20°]$,则拓扑地图分辨率对定位结果的轴向影响因子和整体影响因子变化结果如图 5.13 所示,其中幅值为对应无单位实数。

从图 5.13 中可得出以下结论。

(1)与其他误差相比,水平位置误差对定位精度影响最大。

(2)水平位置误差对水平方向的定位精度影响较小,而对高度方向的估计精度影响较大;例如图 5.13(a)~(c)中,水平方向的精度影响因子最大仅为 5.5 左右,而高度方向的绝对影响因子最大可至 20。

(3)无论航向角固定不变或保持水平,水平位置误差对定位精度的影响保持不变且较大,对整体定位精度的影响因子可达 20.05。

综上所述,则测量误差对整体定位精度的影响可表示为

$$\begin{aligned}
\| \Delta \boldsymbol{p} \| &= \| \Delta \boldsymbol{p}_c \| + \| \Delta \boldsymbol{p}_\alpha \| + \| \Delta \boldsymbol{p}_h \| + \| \Delta \boldsymbol{p}_m \| \\
&= \| \boldsymbol{J}_c \| \Delta u + \| \boldsymbol{J}_r \| \Delta r + \| \boldsymbol{J}_\theta \| \Delta \theta + \| \boldsymbol{J}_\psi \| \Delta \psi + \| \boldsymbol{J}_h \| \Delta h + 2 \| \boldsymbol{J}_m \| \Delta x_n
\end{aligned}$$

$$(5.59)$$

本书使用标准工业相机,像素噪声水平约为 1 像素左右,微惯性器件(MTI-700)的动态水平角精度约为 0.2°,偏振光航向传感器的动态精度约为 0.2°,地理高度误差为 10m 左右,水平位置误差为 0.1m(拓扑地图的分辨率至少为 0.1×0.1m²/pixel),则

(1)当 $-20° \leqslant r \leqslant 20°$, $-20° \leqslant \theta \leqslant 20°$, $-20° \leqslant \psi \leqslant 20°$ 时:

$$\| \Delta \boldsymbol{p} \| = \| \boldsymbol{J}_c \| \Delta u + \| \boldsymbol{J}_r \| \Delta r + \| \boldsymbol{J}_\theta \| \Delta \theta + \| \boldsymbol{J}_\psi \| \Delta \psi + \| \boldsymbol{J}_h \| \Delta r + 2 \| \boldsymbol{J}_m \| \Delta x_n$$

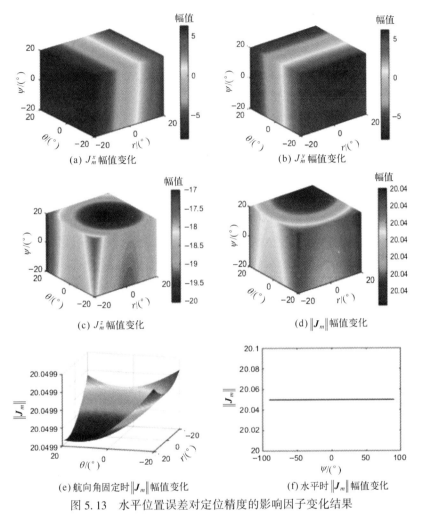

(a) J_m^x 幅值变化   (b) J_m^y 幅值变化

(c) J_m^z 幅值变化   (d) $\|J_m\|$ 幅值变化

(e) 航向角固定时 $\|J_m\|$ 幅值变化   (f) 水平时 $\|J_m\|$ 幅值变化

图 5.13 水平位置误差对定位精度的影响因子变化结果

$$\leqslant 1.15 \times 1 + 12.6 \times 0.2 + 8.8 \times 0.2 + 12.6 \times 0.2 + 1 \times 10 + 20.5 \times 0.1 \times 2 \quad (5.60)$$
$$= 22.05\text{m}$$

（2）当 $r=0°$，$\theta=0°$ 时：

$$\|\Delta p\| = \|J_c\|\Delta u + \|J_r\|\Delta r + \|J_\theta\|\Delta\theta + \|J_\psi\|\Delta\psi + \|J_h\|\Delta r + 2\|J_m\|\Delta x_n$$
$$= 0.66 \times 1 + 4.22 \times 0.2 + 4.25 \times 0.2 + 4.96 \times 0.2 + 1 \times 10 + 20.5 \times 0.1 \times 2 \quad (5.61)$$
$$= 17.45\text{m}$$

从以上分析可得出几点重要结论：①水平位置误差对定位精度的影响最大，航向角误差的影响次之；②特征点的高度误差会等量地产生定位误差且量级较大。因此，为了保证一定的定位精度，一方面提高拓扑地图的分辨率并且获取准确的高度信息，另一方面要提高偏振光传感器的动态定向精度。

5.3 实验验证与分析

本书设计了车载实验和遥感地图飞行实验,用于验证算法的正确性和有效性。车载实验用于验证基于一维拓扑图的节点递推导航算法,运行环境为结构化的城市环境,遥感地图飞行实验用于验证基于二维拓扑图的节点递推导航算法,所在区域为城郊环境。

▶ 5.3.1 车载实验

车载实验与装置如图 5.14 所示,实验时间为 2016 年 12 月 9 日中午 11:49 ~ 11:56,运行轨迹如图 4.15 所示,在城市道路中运行,天气晴朗,但存在树木、路灯和建筑物的遮挡。车载装置主要有偏振光传感器(自研,多目偏振视觉航向传感器)、微惯性传感器(Xsens 公司,MTI-700)、单目相机(相机为 PointGrey 公司的 BELY-U3-03S2M,镜头为 Theia 公司的 SL183M)以及高精度惯导系统(自研),具体参数见表 4.1。微惯导 MTI-700 与多目偏振视觉航向传感器组合实现偏振光定向,输出频率为 1Hz,单目相机采集场景图像进行构图和节点识别,采集频率为 10Hz,高精度惯导系统安装于车内,与 GNSS 系统组合,提供实验所需的位置和航向基准,输出频率为 10Hz。各传感器的安装关系由离线标定获取,数据由外部触发脉冲可实现同步采集。

图 5.14　实验车辆与装置

车辆在环形道路上共匀速运行两圈,行驶距离约 2.8km,用时约 7min。其中,第一圈采集的原始图像共 2240 帧,用于构建导航拓扑图;第二圈使用采集图像 965 帧(每隔 0.2s 进行一次识别),用于节点识别和算法评估。根据 2.3.1 节与 2.4.1 节的方法步骤完成一维导航拓扑图的构建,具体结果如图 5.15 所示。在拓扑图中,各子节点均匀分布,共 1120 个,间隔约为 1.5m,节点依据子节点的环境信息和空间信息而确定,具有多种不同的空间尺度,以保证能够准确完整地表达运动环境。

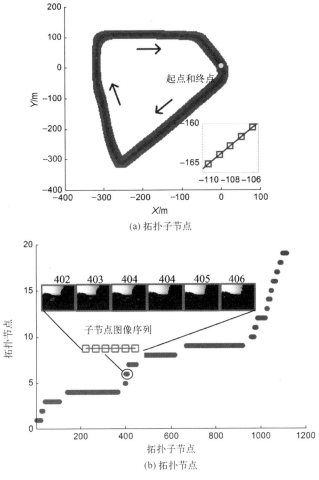

(a) 拓扑子节点

(b) 拓扑节点

图 5.15　一维导航拓扑图

　　在车辆行驶过程中,观测天空不同程度地受树木、路灯和建筑物的遮挡,采用 4.3.1 节的多目偏振视觉/惯性组合定向方法,可获取载体导航所需的航向约束,详细实验结果见 4.4.2 节,最终航向角误差的 RMSE 为 $0.81°$,MAE 为 $4.02°$。利用 3.2.2 节中的多尺度节点识别算法,利用位置信息辅助识别,实现当前采集图像与拓扑子节点的准确匹配,从而获取载体运动的位置约束。图 5.16 与图 5.17 分别给出了使用本书所提出的 AMS 识别算法与 SeqSLAM 识

别算法的结果,使用 AMS 算法是正确识别定位点的占比为 95.44%,而
SeqSLAM 算法的正确识别率仅为 80.73%。原因是 SeqSLAM 属于单尺度识别
算法,不能充分地利用导航拓扑图的多尺度表达结构进行识别,并且其识别的
尺度设定未考虑场景的自然类属性,容易造成识别混淆。与之相比,AMS 算法
结合导航拓扑图的多尺度结构,能够根据运动环境的空间位置和场景特征而确
定识别尺度,可以更好地进行环境的表达和识别,并且也能够有效避免
SeqSLAM 算法采用线性搜索而造成的误匹配情形。

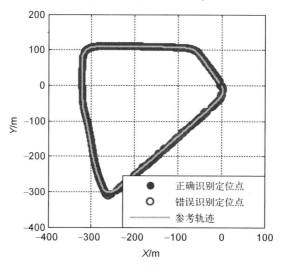

图 5.16 AMS 识别算法的定位结果

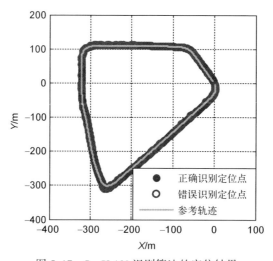

图 5.17 SeqSLAM 识别算法的定位结果

　　本书所提出的仿生导航算法,主要是基于构建的导航拓扑图,经过节点识别和惯性/偏振光组合分别获取载体的位置约束和航向约束,通过组合滤波实现导航参数的估计,以下将分别与基于视觉传感器的导航算法和不同观测约束信息下的组合算法进行比较。本书所提出的仿生导航算法简称为"惯性/偏振光+AMS+拓扑图",对比的传统视觉导航算法主要有视觉里程计[174](VO)、视觉/惯性组合导航算法[177](VINS),以及仿生导航算法 RatSLAM[20]。节点识别与拓扑图结合可提供位置约束,仿生偏振光定向提供航向约束。下面介绍的无位置约束的对比算法为"惯性/偏振光",无航向约束的对比算法为"惯性+AMS+拓扑图",使用位置约束和航向约束的对比算法为"惯性/偏振光+SeqSLAM+拓扑图"。

　　图 5.18 和图 5.22 分别对比了与传统视觉导航和 RatSLAM 算法的导航定位和定向结果,图 5.20 和图 5.24 分别给出了对应的位置误差和航向角误差,表 5.1 所列为对比算法的误差统计结果。从图可知,RatSLAM 算法的导航轨迹虽为闭合曲线,但载体的航向估计精度较差,导致过程中的位置误差较大,位置误差(RMSE)为 39.18m,航向角误差(RMSE)达 38.89°;单纯的视觉里程计按照递推的方式进行导航,其导航误差会随着运动时间和距离而累积,其中位置误差会受航向角误差影响而发散较快,导致最终的运行轨迹无法闭合(图 5.18中虚线);惯性辅助的视觉里程计在导航性能上有较大改善,尤其是航向误差减小至(2.04°)定位定向方面均有较大改善,由于后期的尺度因子估计不准确,导

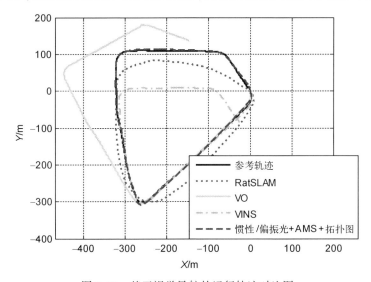

图 5.18　基于视觉导航的运行轨迹对比图

致在 100s 后载体的运行轨迹偏离参考轨迹,最终位置误差为 21.27m。在视觉里程计和惯性/视觉里程算法中,其主要通过融合相邻帧的图像特征信息,估算相对位姿变化,仅按照递推的方式进行导航,虽然在短时间内能够获取精度较高的导航结果(图 5.18 的前 100 内),然而,在某时刻由于位姿增量或尺度因子估计不准会存在一定的导航误差,此项误差在后续的运动中无法通过观测准确的位置和航向约束信息进行有效修正,导致误差随算法递推而不断积累,使得最终的导航结果精度较差。

图 5.19 和图 5.23 分别对比了使用不同观测约束信息下的组合定位与定向结果,图 5.21 和图 5.25 分别给出了过程中位置误差和航向误差变化情况,表 5.2 为对比算法的误差统计结果。由图可知,"惯性/偏振光"算法在偏振光航向传感器提供准确的航向观测下,系统的航向精度显著提高,而位置误差仍然发散。由式(4.45)可知,通过天空偏振光获取的航向不存在累积误差,因此在整个运动过程中载体的航向估计与参考航向基本保持一致,最终的航向角误差为 0.81°,其精度水平与 4.4.2 节中的实验结果一致。"惯性+AMS+拓扑图"算法位置精度较高,在整个运行过程中,其误差始终保持在 5m 以内,表明在结合导航拓扑图与节点识别算法为系统提供准确的位置观测约束下,主要能够有效地补偿惯导解算递推过程中的位置累积误差;在同时加入航向观测和位置观测约束后,"惯性/偏振光+SeqSLAM+拓扑图"算法的定向定位精度均较好,与"惯性/偏振光+AMS+拓扑图"算法相比,位置误差较大,原因是使用 SeqSLAM 算法

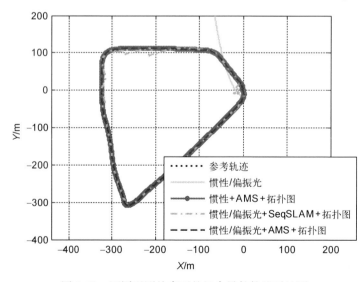

图 5.19 不同观测约束下的组合导航轨迹对比图

会因识别错误而造成位置观测不准,故造成组合滤波存在一定的跳变,但在正确识别获取准确的位置观测后,位置误差会收敛。在整个运行过程中,"惯性/偏振光+AMS+拓扑图"算法的导航轨迹与参考轨迹基本重合,表明利用拓扑图所观测的位置约束和偏振光所获取的航向约束能够有效地对系统的导航累积误差进行修正,最终定位精度为 2.04m,定向精度为 0.81°。并且与"惯性+AMS+拓扑图"算法相比可知,航向观测约束对组合系统的位置估计约束也有一定约束,与"惯性/偏振光"算法相比可知,位置观测约束对组合系统航向角的约束较弱,其航向精度主要取决于偏振光传感器的定向精度。

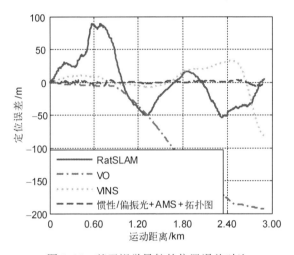

图 5.20　基于视觉导航的位置误差对比

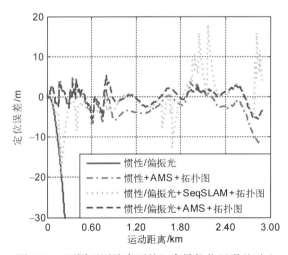

图 5.21　不同观测约束下的组合导航位置误差对比

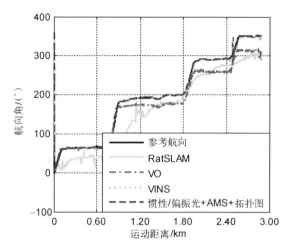

图 5.22　基于视觉导航的航向角变化曲线

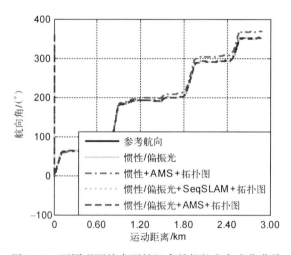

图 5.23　不同观测约束下的组合导航航向角变化曲线

表 5.1　基于视觉传感器导航的误差统计结果

方　法	定位误差/m		定向误差/(°)	
	RMSE	MAE	RMSE	MAE
RatSLAM	39.14	89.54	38.89	88.47
VO	108.18	192.85	22.70	69.42
VINS	21.27	80.85	2.04	15.86
惯性/偏振光+AMS+拓扑图	2.04	5.45	0.81	4.03

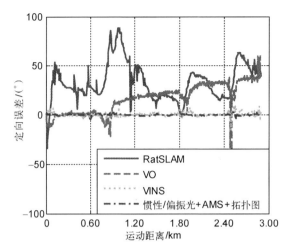

图 5.24　基于视觉导航的航向角误差对比

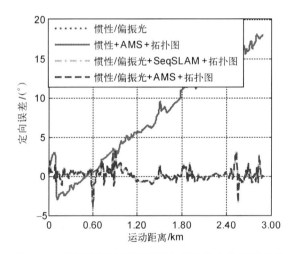

图 5.25　不同观测约束下的组合导航航向角误差对比

表 5.2　不同观测约束的组合导航误差统计结果

方　　法	定位误差/m		定向误差/(°)	
	RMSE	MAE	RMSE	MAE
惯性/偏振光	768.80	1329.32	0.81	4.03
惯性+AMS+拓扑图	3.70	11.44	9.75	18.11
惯性/偏振光+SeqSLAM+拓扑图	4.89	19.49	0.81	4.03
惯性/偏振光+AMS+拓扑图	2.04	5.45	0.81	4.03

▶ 5.3.2 遥感地图飞行实验

本节主要利用源自 Google Nearmap(http://maps.au.nearmap.com/)的遥感地图进行飞行模拟实验。飞行区域为 24km×24km,地图分辨率为 0.5×0.5m²/pixel,主要集中在城市和市郊地区,实验中载体按照预定轨迹匀速飞行,保持水平姿态,速度大小为 125m/s,总时间为 500s,飞行轨迹如图 5.26(a)所示,为充分考虑算法的实用性,实验中分别采用同一区域的两个不同时间进行导航拓扑图的构建(夏季)和拓扑节点的识别(冬季),两个不同时间的地图示例对比如图 5.26(b)所示。

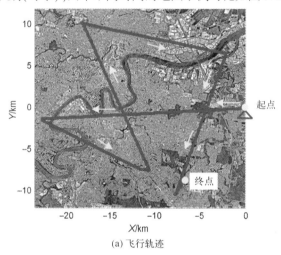

(a) 飞行轨迹

用于构建拓扑图的地图示例

用于识别节点的地图示例

(b) 构图与识别区域地图对比

图 5.26　飞行轨迹及示例图片

实验中采用两种不同精度惯导系统对算法进行评估,具体参数见表 5.3,偏振光航向传感器的精度为 0.2°,在进行匹配定位时,各影响因素的噪声量级与 5.2.2 节中保持一致。首先按照 2.3.3 节的方法完成二维导航拓扑图的构建,拓扑节点间隔与尺度大小如表 5.3 所示。图 5.27 为以中低精度惯导系统参数为例所构建的二维导航拓扑示意图,拓扑节点区域内各子节点按照固定间隔 $\Delta_r = 35\mathrm{m}$ 均匀分布,采用三个呈等比($\sqrt{2}$)半径的子节点圆对区域进行编码和识别,依次为 15m、21m 和 30m。在拓扑节点之间,载体主要依靠偏振光传感器提供的航向约束进行导航,保证载体能够到达设定的拓扑节点区域内;在拓扑节点区域内,通过对拓扑子节点的识别与匹配定位,载体在航向约束与位置约束下进行导航,实现对导航系统累积误差的补偿。本实验中,载体在拓扑节点区域内每隔 1s 进行一次节点识别和匹配定位。

表 5.3 不同惯导器件精度及拓扑节点参数

惯导系统种类	惯导器件精度			拓扑节点参数		
	陀螺常值零偏 /(°/h)	随机噪声 /(°/√h)	加速度计常值零偏/mg	随机噪声 /(mg/√Hz)	节点间隔 /km	节点尺度 /km
高精度	0.005	0.0065	0.05	0.032	8.41	0.376
中等精度	0.1	0.05	1	0.1	3.13	0.252
低精度	5	0.5	50	1	1.26	0.188

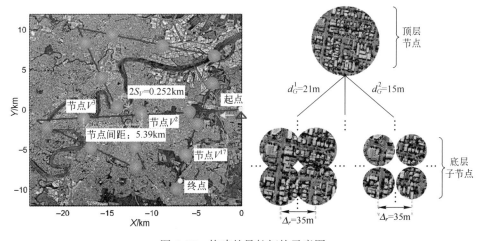

图 5.27 构建的导航拓扑示意图

结合导航拓扑图,利用 3.2.3 节的方法进行拓扑子节点的识别,列后利用 3.3.3 节的匹配定位方法,根据拓扑图中节点区域所包含的地理位置信息解算载体当前的地理位置信息,从而获取组合系统所需的位置观测约束。导航拓扑节点的稠密度与惯导系统精度有关,由表 5.3 可知,惯导精度越高,所构建的拓扑节点分布稠密度越低,反之亦然。图 5.28 为三种不同精度惯导系统根据节点识别匹配定位的结果,设置正确匹配定位的阈值为 30m,其中空心圆代表正确匹配定位的点,此时能够向导航系统提供准确有效的位置约束,实心圆代表错误匹配定位点,此时导航系统仅有航向约束。由图 5.28 可知,高精度惯导系统所构建的拓扑节点最稀疏,在整个运动过程中载体共识别节点 36 次,匹配定位正确率为 91.67%,导航系统的位置约束精度(RMSE)为 12.49m;中等精度惯导系统所构建的拓扑节点较为稠密,载体识别节点 68 次,正确率为 85.29%,位置约束观测精度为 12.64m;低精度惯导系统所构建的拓扑节点稠密度最高,载体识别节点共 114 次,正确率为 90.35%,位置观测精度为 12.02m。

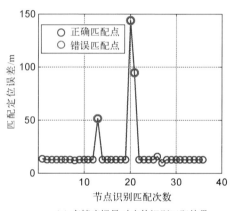

(a) 高精度惯导对应的识别匹配结果

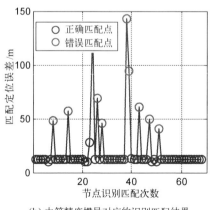

(b) 中等精度惯导对应的识别匹配结果

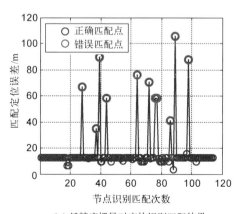

(c) 低精度惯导对应的识别匹配结果

图 5.28　不同精度惯导的位置约束结果

在载体飞行过程中,存在一定数量的错误识别匹配点(图 5.28 中实心圆),会导致载体获取的位置观测信息不连续,根据 5.3.2 节的分析可知,造成匹配定位错误的主要因素是节点识别和特征点匹配的正确率,两者任何一个因素出现误差,均会造成匹配定位结果的"跳变"。图 5.29 给出了 RANSAC 剔除误匹配点的结果,由图可知,当节点区域的图像纹理特征信息可区分性较强时,该方法能够有效地剔除误匹配特征点。图 5.30 给出了引起错误匹配定位的两种典型示例。图 5.30(a)为在错误的识别节点区进行匹配定位,此时 RANSAC 虽能够剔除"误匹配点",但由于已知的节点区域位置信息不准,定位解算也会存在较大误差;图 5.30(b)为错误地匹配特征点,此时虽然节点识别正确,但由于区域内的纹理信息可区分性较弱,存在较多地相似场景,如河流、屋顶等,导致特征点匹配错误,从而造成一定的匹配定位误差。

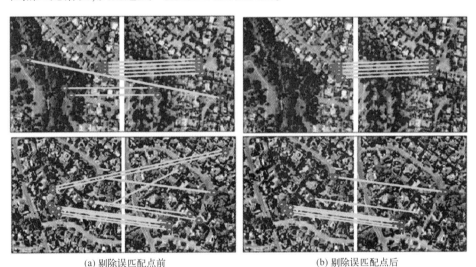

(a) 剔除误匹配点前　　　　　　　　　　(b) 剔除误匹配点后

图 5.29　RANSAC 剔除误匹配点结果

图 5.31 所示为三种不同器件精度纯惯导解算结果,由图 5.31(a)可知,由于存在惯性器件误差,使得纯惯导解算存在累积误差,导致解算轨迹严重偏离于参考飞行轨迹,由图 5.31(b)可知,相应的定位误差达几十千米以上,由图 5.31(c)可知,纯惯导解算的航向误差一直发散,且惯导精度越低,发散越快。

图 5.32 所示为使用三种不同惯导精度的仿生组合算法的解算轨迹,图 5.33 所示为相应的定位和定向误差。由图 5.32 可知,按照"航向约束+位置约束"的导航机制,基于拓扑图的惯性/偏振光仿生组合算法在使用不同精度惯

导时均能够按照预定轨迹飞行,且能够成功达到预定终点区域,最终定位误差均在 35m 以内;并且随着使用惯导系统精度的降低,所构建的拓扑节点分布会越稠密(图 5.32 空心圆区域),因此仿生组合算法会通过较多的识别节点而获取位置约束,以补偿导航系统快速增长的累积误差。由图 5.33 可知,在节点区域内获取的位置约束,能够有效补偿导航系统的累积误差,其中高、中等精度惯导的仿生组合算法定位误差抑制在 50m 以内,虽然低精度惯导系统的定位误差发散较快,但在位置观测约束下,其定位误差在 90m 以内。由于在整个运动过程中航向约束是强约束且一直存在,因此仿生组合算法的定向误差始终在 0.20°左右。

(a) 识别错误　　　　　　　　　　　　　(b) 匹配错误

图 5.30　错误匹配定位点示例

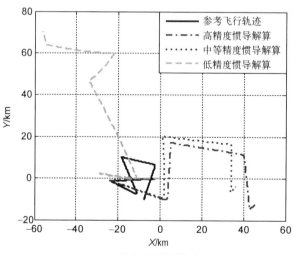

(a) 纯惯导解算轨迹

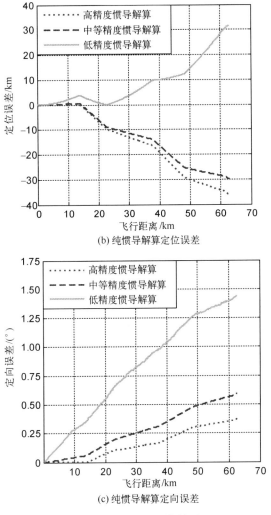

(b) 纯惯导解算定位误差

(c) 纯惯导解算定向误差

图 5.31　纯惯导解算结果

　　表 5.4 给出了纯惯导解算与仿生组合算法的导航统计结果。从表中可知，基于导航拓扑图的惯性/偏振光仿生组合算法，在"航向约束与位置约束"的作用下，随着惯性传感器精度的降低，依然能够有效补偿导航系统的累积误差，定位误差（RMSE）小于 30m，定向精度为 0.20°。究其根本，原因是仿生组合算法可根据惯性器件精度建立合适的拓扑节点，采用有效节点识别与匹配定位方法，通过节点递推，能够"及时"为导航系统提供的位置约束，偏振光航向传感器为系统提供航向约束，两者共同作用有效地补偿了导航系统的累积误差，为载体的长航时、远距离自主导航提供了精度基础。

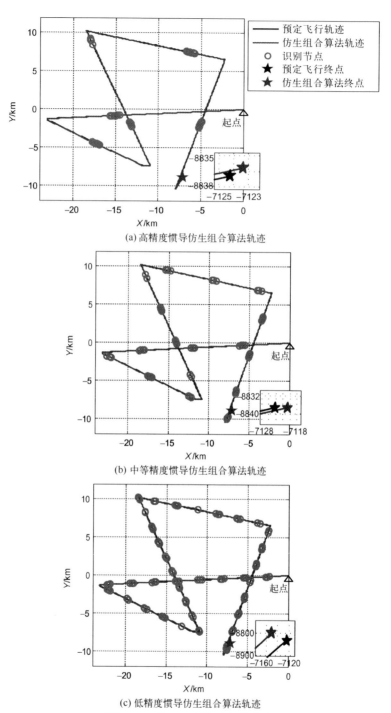

(a) 高精度惯导仿生组合算法轨迹

(b) 中等精度惯导仿生组合算法轨迹

(c) 低精度惯导仿生组合算法轨迹

图 5.32 仿生组合算法解算轨迹

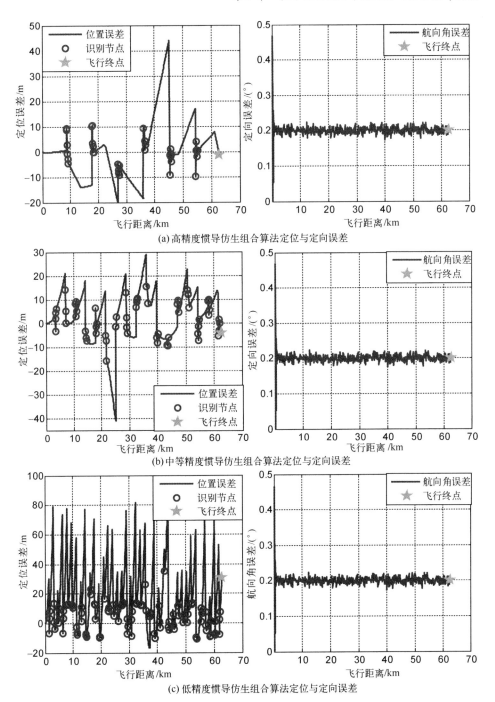

(a) 高精度惯导仿生组合算法定位与定向误差

(b) 中等精度惯导仿生组合算法定位与定向误差

(c) 低精度惯导仿生组合算法定位与定向误差

图 5.33　仿生组合算法定向与定位误差

表 5.4　飞行实验中纯惯导解算与仿生组合算法的导航误差统计结果

方　　法	惯导精度	定位误差/m			定向误差/(°)	
		RMSE	MAE	终点误差	RMSE	MAE
纯惯导解算	高精度	19523.71	36173.64	36173.64	0.21	0.38
	中等精度	16607.89	29875.46	29875.46	0.33	0.60
	低精度	12044.33	31625.77	31625.77	0.93	1.45
仿生组合算法	高精度	12.13	43.89	−1.22	0.20	0.47
	中等精度	11.66	41.23	−4.23	0.20	0.47
	低精度	29.38	81.51	30.84	0.20	0.47

5.4　本章小结

本章在设计仿生导航算法总体框架基础上,针对地面和空中无人作战平台的应用背景,提出了一种基于拓扑图的节点递推导航算法。该算法能够结合多尺度节点识别与匹配定位方法以及仿生偏振光定向方法,将位置观测约束与航向观测约束有效融合,显著地提高了算法的定位和定向精度。此外,对影响位置观测约束精度的各项测量误差进行了系统分析,并设计了车载实验和遥感地图飞行实验,验证了算法的正确性和有效性。主要结论总结如下。

(1) 基于网格细胞特性所构建的导航拓扑图,具有多尺度的双层复合结构,实验表明,该结构无论在地面还是空中运动环境,均能够辅助载体实现地外部空间环境的表达和度量。

(2) 视觉里程计或惯性/视觉组合导航的位置与航向均存在递推误差,并随运动时间或距离而累积发散;通过导航拓扑图与识别算法相结合可获取位置观测约束,多目偏振光传感器可提供准确的航向观测约束,单独引入惯性导航系统可有效拟制位置或航向误差发散,能够提高系统的定位或定向精度。

(3) 正确的识别节点与匹配特征点是提供有效的位置观测约束的基础,在空中无人作战平台应用中,RANSAC 算法能够有效剔除误匹配点,但因存在有节点识别错误或特征点匹配错误,从导航图获取了错误的地理位置信息,造成定位解算结果出现"跳变",从而导致位置观测约束信息不可用;测量误差是影响解算位置观测信息精度的主要因素,其中特征点的水平位置测量误差(即地图分辨率)影响最大,航向角误差影响次之,高度误差会等量地产生相应的定位误差且量级较大。

（4）基于拓扑图的节点递推导航算法,能够有效融合惯性、偏振光与视觉节点识别信息,并且通过航向约束和位置约束,有效地补偿了导航系统的累积误差,显著地提高了系统的定位定向精度。该算法可根据导航系统的惯性器件与偏振光航向传感器的精度,自动地建立合适的拓扑节点,通过节点递推为导航系统提供有效的位置约束,并且在识别错误或匹配定位"跳变"而造成的位置约束不可用的情况下,系统的定位定向误差依然收敛在一定范围内,为实现复杂环境中地面与空中无人作战平台的远距离、长航时自主导航提供了基础。

第6章 全书总结

　　本书针对地面与空中无人作战平台的自主导航需求,借鉴哺乳动物大脑海马区的建图与识别机理以及昆虫复眼敏感偏振光定向机理,从仿生机理和导航机制两方面,重点研究了导航拓扑图的构建方法、拓扑节点识别与匹配定位方法、多目偏振视觉/惯性组合定向方法和基于拓扑图的节点递推导航算法等内容,并设计了车载实验和遥感地图飞行实验,验证了所提出方法的正确性和有效性。主要研究工作和成果总结如下。

　　(1) 在深入分析哺乳动物大脑海马区网格细胞激活特性与空间表达结构的基础上,结合导航拓扑节点与连通边的基本内涵,分别面向地面与空中无人作战平台,提出了一种基于网格细胞特性的导航拓扑图构建方法,所构建的拓扑图具有多尺度双层复合的结构特点;根据平台的运动状态和导航系统精度,给出了确定拓扑节点位置和空间尺度的边界约束条件。实验结果表明,所构建的拓扑图能够有效地对外部运动环境进行表达和度量。

　　(2) 为有效传递拓扑节点的导航经验信息,提出了一种基于多尺度的节点特征识别算法。首先,为增强节点特征的可区分性,研究了基于 LMNN 的特征空间重构算法,使得不同节点的特征可识别性更高;其次,针对地面与空中无人作战平台的不同应用场景,分别提出了基于自适应多尺度和基于多尺度序列图像匹配的节点识别算法,采用 Coarse-to-Fine 的识别匹配策略,显著地提高了节点识别的正确率;最后,给出了一种改进的节点特征匹配定位方法,将 PnP 问题求解所需的最少匹配点减至 2 个,有效地降低了算法的复杂度,实用性更强,为后续研究提供了准确的位置约束打下基础。

　　(3) 研究了多目偏振视觉航向传感器的标定与定向方法。首先,针对多目偏振光航向传感器测量存在的相机 CCD 感光系数的非一致性误差和线偏振片安装角误差,提出了一种基于 L-M 的多目偏振视觉航向传感器标定方法,提高了传感器的测量精度;其次,针对车载环境中偏振光测量易受障碍遮挡的问题,给出了基于偏振度梯度(GDOP)的偏振图像在线噪声抑制方法,能够有效地去除遮挡障碍,保证了偏振光的定向精度;最后,为减小测量噪声影响并实现三维空间内的定向,提出了一种基于全局最小二乘法的多目偏振视觉/惯性组合航向算法,并给出了偏振光定向模糊度的求解方法,车载实验验证了该算法能够提供准确的航向角信息。

(4) 提出了一种基于拓扑图的节点递推导航算法。该算法以所构建的导航拓扑图为基础,根据系统的器件精度,自动地建立合适的拓扑节点,通过节点识别与匹配定位所获取的位置约束,以及多目偏振视觉航向传感器所提供的航向约束,有效地补偿了导航系统的累积误差。车载实验与遥感地图飞行实验结果表明:该算法能够显著提高导航系统的定位定向精度,并且即使在运行过程中因节点识别或特征点匹配错误而造成位置观测信息有较大"跳变"的情况下,系统的定位定向误差依然收敛在一定范围内,表明其能够为地面与空中无人作战平台的高精度远距离自主导航提供一种有效的解决方法。

附录 A　标定算法中雅可比矩阵推导

在标定算法中,$r(x)$ 的雅可比矩阵 $\nabla r(x)$ 计算如下:

$$\nabla r(x) = \left[\frac{\partial r_1}{\partial x^{\mathrm{T}}} \quad \frac{\partial r_2}{\partial x^{\mathrm{T}}} \quad \cdots \quad \frac{\partial r_m}{\partial x^{\mathrm{T}}} \right]^{\mathrm{T}} \tag{A.1}$$

根据式(4.17)可得

$$\frac{\partial r_k}{\partial x^{\mathrm{T}}} = \left[\frac{\partial \widetilde{\phi}_k}{\partial x(1:6)^{\mathrm{T}}} - 1 \right] = \left[\frac{\partial \widetilde{\phi}_k}{\partial \widetilde{x}^{\mathrm{T}}} - 1 \right] \tag{A.2}$$

根据向量偏导法则可得

$$\frac{\partial r_k}{\partial \widetilde{x}^{\mathrm{T}}} = \frac{\partial \widetilde{\phi}_k}{\partial \widetilde{Q}^{\mathrm{T}}} \frac{\partial \widetilde{Q}}{\partial \widetilde{T}^{\mathrm{T}}} \frac{\partial \widetilde{T}}{\partial \widetilde{D}^{\mathrm{T}}} \frac{\partial \widetilde{D}}{\partial \widetilde{x}} \tag{A.3}$$

式中:$\widetilde{Q}$、$\widetilde{T}$、和 $\widetilde{D}$ 为相关中间矩阵。

根据式(4.16)可得

$$\widetilde{A}^{\mathrm{T}}\widetilde{A} = \begin{bmatrix} \sum\limits_{j=1}^{4} \widetilde{a}_{j1}^2 & \sum\limits_{j=1}^{4} \widetilde{a}_{j1}\widetilde{a}_{j2} & \sum\limits_{j=1}^{4} \widetilde{a}_{j1} \\ \sum\limits_{j=1}^{4} \widetilde{a}_{j1}\widetilde{a}_{j2} & 4 - \sum\limits_{j=1}^{4} \widetilde{a}_{j1}^2 & \sum\limits_{j=1}^{4} \widetilde{a}_{j2}^2 \\ \sum\limits_{j=1}^{4} \widetilde{a}_{j1} & \sum\limits_{j=1}^{4} \widetilde{a}_{j2}^2 & 4 \end{bmatrix} = \begin{bmatrix} \widetilde{R}_1 & \widetilde{R}_2 & \widetilde{R}_3 \\ \widetilde{R}_2 & 4 - \widetilde{R}_1 & \widetilde{R}_4 \\ \widetilde{R}_3 & \widetilde{R}_4 & 4 \end{bmatrix} \tag{A.4}$$

$$\widetilde{A}^{\mathrm{T}}\widetilde{U} = \begin{bmatrix} \sum\limits_{j=1}^{4} \widetilde{a}_{j1}\widetilde{u}_j \\ \sum\limits_{j=1}^{4} \widetilde{a}_{j2}\widetilde{u}_j \\ \sum\limits_{j=1}^{4} \widetilde{u}_j \end{bmatrix} = \begin{bmatrix} \widetilde{G}_1 \\ \widetilde{G}_2 \\ \widetilde{G}_3 \end{bmatrix} \tag{A.5}$$

则重写式(4.16)可得

$$\widetilde{\boldsymbol{Q}} = \widetilde{\boldsymbol{R}}^{-1}\widetilde{\boldsymbol{G}} = \frac{1}{\widetilde{T}_4}\begin{bmatrix} \widetilde{T}_1 & \widetilde{T}_2 & \widetilde{T}_3 \end{bmatrix}^{\mathrm{T}} \tag{A.6}$$

式中：$\widetilde{T}_1 = \widetilde{G}_1(16 - 4\widetilde{R}_1 - \widetilde{R}_4^2) + \widetilde{G}_2(\widetilde{R}_3\widetilde{R}_4 - 4\widetilde{R}_2) + \widetilde{G}_3(\widetilde{R}_1\widetilde{R}_3 + \widetilde{R}_2\widetilde{R}_4 - 4\widetilde{R}_3)$；$\widetilde{T}_2 = \widetilde{G}_1(\widetilde{R}_3\widetilde{R}_4 - 4\widetilde{R}_2) + \widetilde{G}_2(4\widetilde{R}_1 - \widetilde{R}_3^2) + \widetilde{G}_3(\widetilde{R}_2\widetilde{R}_3 - \widetilde{R}_1\widetilde{R}_4)$；$\widetilde{T}_3 = \widetilde{G}_1(\widetilde{R}_1\widetilde{R}_3 + \widetilde{R}_2\widetilde{R}_4 - 4\widetilde{R}_3) + \widetilde{G}_2(\widetilde{R}_2\widetilde{R}_3 - \widetilde{R}_1\widetilde{R}_4) + \widetilde{G}_3(4\widetilde{R}_1 - \widetilde{R}_1^2 + 4\widetilde{R}_2^2)$；$\widetilde{T}_4 = -4(\widetilde{R}_1^2 + \widetilde{R}_2^2 + \widetilde{R}_3^2) + \widetilde{R}_1\widetilde{R}_3^2 + 2\widetilde{R}_2\widetilde{R}_3\widetilde{R}_4 + 16\widetilde{R}_1$。

则记 $\widetilde{\boldsymbol{D}} = \begin{bmatrix} R_1 & R_2 & R_3 & R_4 & G_1 & G_2 & G_3 \end{bmatrix}^{\mathrm{T}}$。由式(4.14)可得

$$\frac{\partial\widetilde{\phi}_k}{\partial\widetilde{\boldsymbol{Q}}} = \frac{1}{2(\widetilde{q}_1^2 + \widetilde{q}_2^2)}\begin{bmatrix} -\widetilde{q}_2 & \widetilde{q}_1 & 0 \end{bmatrix} \tag{A.7}$$

对式(A.6)求偏导可得

$$\frac{\partial\widetilde{\boldsymbol{Q}}}{\partial\widetilde{\boldsymbol{T}}^{\mathrm{T}}} = \frac{1}{T_4}\begin{bmatrix} T_4 & 0 & 0 & -T_1 \\ 0 & T_4 & 0 & -T_2 \\ 0 & 0 & T_4 & -T_3 \end{bmatrix} \tag{A.8}$$

类似地，可得

$$\frac{\partial\widetilde{\boldsymbol{T}}}{\partial\widetilde{\boldsymbol{D}}^{\mathrm{T}}} = \begin{bmatrix} \widetilde{\boldsymbol{P}}_1 & \widetilde{\boldsymbol{P}}_2 & \widetilde{\boldsymbol{P}}_3 \\ \widetilde{\boldsymbol{P}}_4 & \widetilde{\boldsymbol{P}}_5 & \widetilde{\boldsymbol{P}}_6 \end{bmatrix} \tag{A.9}$$

式中：$\widetilde{\boldsymbol{P}}_1 = \begin{bmatrix} \widetilde{G}_3\widetilde{R}_3 - 4\widetilde{G}_1 & \widetilde{G}_3\widetilde{R}_4 - 4\widetilde{G}_2 & \widetilde{G}_2\widetilde{R}_4 + \widetilde{G}_3\widetilde{R}_1 - 4\widetilde{G}_3 \\ 4\widetilde{G}_2 - \widetilde{G}_3\widetilde{R}_4 & \widetilde{G}_3\widetilde{R}_3 - 4\widetilde{G}_1 & \widetilde{G}_1\widetilde{R}_4 - 2\widetilde{G}_2\widetilde{R}_3 + \widetilde{G}_3\widetilde{R}_2 \end{bmatrix}$；$\widetilde{\boldsymbol{P}}_2 =$
$\begin{bmatrix} \widetilde{G}_2\widetilde{R}_3 + \widetilde{G}_3\widetilde{R}_3 - 2\widetilde{G}_1\widetilde{R}_4 & 16 - 4\widetilde{R}_1 - \widetilde{R}_4^2 \\ \widetilde{G}_1\widetilde{R}_3 - \widetilde{G}_3\widetilde{R}_1 & 4\widetilde{R}_2 - \widetilde{G}_3\widetilde{R}_4 \end{bmatrix}$；$\widetilde{\boldsymbol{P}}_3 = \begin{bmatrix} \widetilde{R}_3\widetilde{R}_4 - 4\widetilde{R}_2 & 4\widetilde{R}_1\widetilde{R}_3 + \widetilde{R}_2\widetilde{R}_4 - 4\widetilde{R}_3 \\ 4\widetilde{R}_1 - \widetilde{R}_3^2 & \widetilde{R}_2\widetilde{R}_3 - \widetilde{R}_1\widetilde{R}_4 \end{bmatrix}$；

$\widetilde{\boldsymbol{P}}_4 = \begin{bmatrix} \widetilde{G}_1\widetilde{R}_3 - \widetilde{G}_2\widetilde{R}_4 - 2\widetilde{G}_3\widetilde{R}_1 + 4\widetilde{G}_3 & \widetilde{G}_1\widetilde{R}_4 + \widetilde{G}_2\widetilde{R}_3 - 2\widetilde{G}_3\widetilde{R}_2 \\ 16 - 8\widetilde{R}_1 + \widetilde{R}_3^2 - \widetilde{R}_4^2 & 2\widetilde{R}_3\widetilde{R}_4 - 8\widetilde{R}_2 \end{bmatrix}$；

$\widetilde{\boldsymbol{P}}_5 = \begin{bmatrix} \widetilde{G}_1\widetilde{R}_1 + \widetilde{G}_2\widetilde{R}_2 - 4\widetilde{G}_1 & \widetilde{G}_1\widetilde{R}_2 - \widetilde{G}_2\widetilde{R}_1 & \widetilde{R}_1\widetilde{R}_3 + \widetilde{R}_2\widetilde{R}_4 - 4\widetilde{R}_3 \\ 2\widetilde{R}_1\widetilde{R}_3 + 2\widetilde{R}_2\widetilde{R}_4 - 8\widetilde{R}_3 & 2\widetilde{R}_2\widetilde{R}_3 - 2\widetilde{R}_1\widetilde{R}_4 & 0 \end{bmatrix}$；

$\widetilde{\boldsymbol{P}}_6 = \begin{bmatrix} \widetilde{R}_2\widetilde{R}_3 - \widetilde{R}_1\widetilde{R}_4 & 4\widetilde{R}_1 - \widetilde{R}_1^2 - \widetilde{R}_2^2 \\ 0 & 0 \end{bmatrix}$。

类似地，求导可得

$$\frac{\partial \widetilde{\boldsymbol{D}}}{\partial \widetilde{\boldsymbol{x}}} = 2 \begin{bmatrix} 0 & 0 & 0 & \sin 4\theta_1 & \sin 4\theta_2 & \sin 4\theta_3 \\ 0 & 0 & 0 & -\cos 4\theta_1 & -\cos 4\theta_2 & -\cos 4\theta_3 \\ 0 & 0 & 0 & \sin 2\theta_1 & \sin 2\theta_2 & \sin 2\theta_3 \\ 0 & 0 & 0 & -\cos 2\theta_1 & -\cos 2\theta_2 & -\cos 2\theta_3 \\ \widetilde{I}_2 \cos 2\theta_1 & \widetilde{I}_3 \cos 2\theta_2 & \widetilde{I}_4 \cos 2\theta_3 & \Delta_2 \widetilde{I}_2 \sin 2\theta_1 & \Delta_3 \widetilde{I}_3 \sin 2\theta_2 & \Delta_4 \widetilde{I}_4 \sin 2\theta_3 \\ \widetilde{I}_2 \sin 2\theta_1 & \widetilde{I}_3 \sin 2\theta_2 & \widetilde{I}_4 \sin 2\theta_3 & -\Delta_2 \widetilde{I}_2 \cos 2\theta_1 & -\Delta_3 \widetilde{I}_3 \cos 2\theta_2 & -\Delta_4 \widetilde{I}_4 \cos 2\theta_3 \\ \widetilde{I}_2 & \widetilde{I}_3 & \widetilde{I}_4 & 0 & 0 & 0 \end{bmatrix}$$

$$(\text{A.10})$$

式中:$\theta_1 = \alpha_2 - \varepsilon_2$;$\theta_2 = \alpha_3 - \varepsilon_3$;$\theta_3 = \alpha_4 - \varepsilon_4$。

根据式(A.10)及式(A.3)即可求得$\boldsymbol{r}(\boldsymbol{x})$的雅可比矩阵$\nabla \boldsymbol{r}(\boldsymbol{x})$。

附录 B 惯性/偏振光/视觉组合观测方程 A_ψ 的推导

在 5.1.2 节中组合导航算法中,重写式(5.24)为

$$-[\boldsymbol{\varepsilon}\times]\boldsymbol{C}_b^e = \dot{\boldsymbol{C}}_1(\psi)\boldsymbol{C}_2(\theta)\boldsymbol{C}_3(r)(\psi_g-\psi_P) \tag{B.1}$$

式中:$[\boldsymbol{\varepsilon}\times] = \begin{bmatrix} 0 & -\varepsilon_z & \varepsilon_y \\ \varepsilon_z & 0 & -\varepsilon_x \\ -\varepsilon_y & \varepsilon_x & 0 \end{bmatrix}$;$\dot{\boldsymbol{C}}_1(\psi) = \begin{bmatrix} -\sin\psi & -\cos\psi & 0 \\ \cos\psi & -\sin\psi & 0 \\ 0 & 0 & 0 \end{bmatrix}$;$\boldsymbol{C}_2(\theta) =$

$\begin{bmatrix} \cos\theta & 0 & \sin\theta \\ 0 & 1 & 0 \\ -\sin\theta & 0 & \cos\theta \end{bmatrix}$;$\boldsymbol{C}_3(r) = \begin{bmatrix} 1 & 0 & 0 \\ 0 & \cos r & -\sin r \\ 0 & \sin r & \cos r \end{bmatrix}$。

令 $\boldsymbol{B} = \boldsymbol{C}_b^e$,$\boldsymbol{A} = \dot{\boldsymbol{C}}_1(\psi)\boldsymbol{C}_2(\theta)\boldsymbol{C}_3(r)$,$\delta\psi = \psi_g-\psi_P$,则式(B.1)可写为

$$-\begin{bmatrix} 0 & -\varepsilon_z & \varepsilon_y \\ \varepsilon_z & 0 & -\varepsilon_x \\ -\varepsilon_y & \varepsilon_x & 0 \end{bmatrix}\begin{bmatrix} b_{11} & b_{12} & b_{13} \\ b_{21} & b_{22} & b_{23} \\ b_{31} & b_{32} & b_{33} \end{bmatrix} = \begin{bmatrix} a_{11} & a_{12} & a_{13} \\ a_{21} & a_{22} & a_{23} \\ a_{31} & a_{32} & a_{33} \end{bmatrix}\delta\psi \tag{B.2}$$

选择对角线方程求解,可得

$$\begin{bmatrix} 0 & -b_{31} & b_{21} \\ b_{32} & 0 & -b_{12} \\ -b_{23} & b_{13} & 0 \end{bmatrix}\begin{bmatrix} \varepsilon_x \\ \varepsilon_y \\ \varepsilon_z \end{bmatrix} = \begin{bmatrix} a_{11} \\ a_{22} \\ a_{33} \end{bmatrix}\delta\psi \tag{B.3}$$

对上式求解可得

$$\delta\psi\begin{bmatrix} 1 \\ 1 \\ 1 \end{bmatrix} = \begin{bmatrix} 0 & -b_{31}/a_{11} & b_{21}/a_{11} \\ b_{32}/a_{22} & 0 & -b_{12}/a_{22} \\ -b_{23}/a_{33} & b_{13}/a_{33} & 0 \end{bmatrix}\begin{bmatrix} \varepsilon_x \\ \varepsilon_y \\ \varepsilon_z \end{bmatrix} \tag{B.4}$$

则 $\boldsymbol{A}_\psi = \begin{bmatrix} 0 & -b_{31}/a_{11} & b_{21}/a_{11} \\ b_{32}/a_{22} & 0 & -b_{12}/a_{22} \\ -b_{23}/a_{33} & b_{13}/a_{33} & 0 \end{bmatrix}$。

参 考 文 献

［1］ 孙振平. 地面无人作战平台应用与发展［J］. 国防科技,2013,34(5):12-16.

［2］ 李坡,张志雄,赵希庆. 美海军无人作战平台现状及发展趋势分析［J］. 装备学院学报,2014,(3):
6-9.

［3］ 胡小平. 自主导航技术［M］. 北京:国防工业出版社,2016.

［4］ Titterton D,Weston J L. Strapdown Inertial Navigation Technology (2nd Edition)［M］. Weston:The Insti-
tution of Electrical Engineers,2004.

［5］ O'keefe J,Conway D. Hippocampal place units in the freely moving rat:why they fire where they fire［J］.
Experimental Brain Research,1978,31(4):573-590.

［6］ O'keefe J,Dostrovsky J. The hippocampus as a spatial map:Preliminary evidence from unit activity in the
freely-moving rat［J］. Brain research,1971,37:171-175.

［7］ Moser E I,Moser M－B,Roudi Y. Network mechanisms of grid cells［J］. Phil Trans R Soc B,2014,
369:20120511.

［8］ Erdem U M,Hasselmo M. A goal-directed spatial navigation model using forward trajectory planning based
on grid cells［J］. European Journal of Neuroscience,2012,35(6):916-931.

［9］ Milford M,Schulz R. Principles of goal-directed spatial robot navigation in biomimetic models［J］. Philo-
sophical Transactions of the Royal Society of London,2014,369(1655):315-318.

［10］ Milford M J,Wyeth G F,Prasser D. RatSLAM:a hippocampal model for simultaneous localization and
mapping:IEEE International Conference on Robotics and Automation［C］. IEEE,2004.

［11］ Lambrinos D,Möller R,Labhart T,et al. A mobile robot employing insect strategies for navigation［J］.
Robotics & Autonomous Systems,2000,30(1):39-64.

［12］ Chu J,Zhao K,Zhang Q,et al. Construction and performance test of a novel polarization sensor for naviga-
tion［J］. Sensors & Actuators A Physical,2008,148(1):75-82.

［13］ Ranck J B J. Head-direction Cells In the Deep Cell Layers of Dorsal Presubiculum In Freely Moving Rats
［J］. 1984,10.

［14］ Taube J S,Muller R U,Jr R J. Head-direction cells recorded from the postsubiculum in freely moving
rats. Ⅰ. Description and quantitative analysis［J］. Journal of Neuroscience,1990,10(2):420-435.

［15］ Taube J S,Muller R U,Jr R J. Head-direction cells recorded from the postsubiculum in freely moving
rats. Ⅱ. Effects of environmental manipulations［J］. Journal of Neuroscience,1990,10(2):436-447.

［16］ Taube J S. The head direction signal:origins and sensory-motor integration［J］. Annual Review of Neuro-
science,2007,30(1):181-207.

［17］ Hafting T,Fyhn M,Molden S,et al. Microstructure of a spatial map in the entorhinal cortex［J］. Nature,
2005,436:801-806.

［18］ Stensola H,Stensola T,Solstad T, et al. The entorhinal grid map is discretized［J］. Nature,2012,492
(6):72-78.

[19] Rong Qiao H E. "Inner GPS",a far-reaching influence in brain research—For the Nobel Prize in Physiology or Medicine 2014[J]. Science China,2014,57(12):1243-1244.

[20] Milford M J,Wyeth G F,Prasser D P. Simultaneous localisation and mapping from natural landmarks using RatSLAM:2004 Australasian Conference on Robotics and Automation[C]. Australian Robotics and Automation Associate Inc,2004.

[21] Milford M J,Wyeth G F. Mapping a Suburb With a Single Camera Using a Biologically Inspired SLAM System[J]. IEEE Transactions on Robotics,2008,24(5):1038-1053.

[22] Kubie J L,Fenton A A. Linear Look-Ahead in Conjunctive Cells:An Entorhinal Mechanism for Vector-Based Navigation[J]. Frontiers in Neural Circuits,2012,6(1):20.

[23] Erdem U M,Hasselmo M E. A biologically inspired hierarchical goal directed navigation model[J]. Journal of Physiology Paris,2014,108:28-37.

[24] Roy N,Burgard W,Fox D,et al. Coastal navigation-mobile robot navigation with uncertainty in dynamic environments:IEEE International Conference on Robotics and Automation[C]. IEEE,2002.

[25] Dayoub F,Duckett T. An adaptive appearance-based map for long-term topological localization of mobile robots:IEEE/RSJ International Conference on Intelligent Robots and Systems[C]. IEEE,2008.

[26] Furgale P,Barfoot T D. Visual teach and repeat for long-range rover autonomy[J]. Journal of Field Robotics,2010,27(5):534-560.

[27] Steckel J,Peremans H. BatSLAM:Simultaneous Localization and Mapping Using Biomimetic Sonar[J]. Plos One,2013,8(1):e54076.

[28] Thakoor S,Morookian J M,Chahl J,et al. BEES:exploring Mars with bioinspired technologies[J]. Computer,2004,37(9):38-47.

[29] Steiner T J,Truax R D,Frey K. A vision-aided inertial navigation system for agile high-speed flight in unmapped environments:IEEE Aerospace Conference[C]. IEEE,2017.

[30] Wiltschko R,Wiltschko W. Pigeon homing:change in navigational strategy during ontogeny[J]. Animal Behaviour,1985,33(2):583-590.

[31] O'keefe J,Nadel L. The hippocampus as a cognitive map[M]. Oxford:Clarendon Press,1978.

[32] Garcia-Fidalgo E,Ortiz A. Vision-based topological mapping and localization methods:A survey[J]. Robotics and Autonomous Systems,2015,64:1-20.

[33] Bonin-Font F,Ortiz A,Oliver G. Visual Navigation for Mobile Robots:A Survey[J]. Journal of Intelligent & Robotic Systems,2008,53(3):263-296.

[34] Lisien B,Morales D,Silver D,et al. The hierarchical atlas[J]. IEEE Transactions on Robotics,2005,21(3):473-481.

[35] Choset H,Nagatani K. Topological simultaneous localization and mapping (SLAM):toward exact localization without explicit localization[J]. IEEE Transactions on robotics and automation,2001,17(2):125-137.

[36] Gaspar J,Winters N,Santos-Victor J. Vision-based navigation and environmental representations with an omnidirectional camera[J]. IEEE Transactions on Robotics & Automation,2000,16(6):890-898.

[37] Zivkovic Z,Bakker B,Krose B. Hierarchical map building using visual landmarks and geometric constraints:IEEE/RSJ International Conference on Intelligent Robots and Systems[C]. IEEE,2005.

[38] Booij O,Zivkovic Z,Kröse B. Pruning the image set for appearance based robot localization:In Proceed-

ings of the Annual Conference of the Advanced School for Computing and Imaging[C]. In Proceedings of the Annual Conference of the Advanced School for Computing and Imaging,2005.

[39] Lowe D G. Object Recognition from Local Scale-Invariant Features:The Proceedings of the Seventh IEEE International Conference on Computer Vision [C]. IEEE,2002.

[40] Angeli A,Doncieux S,Meyer J-A,et al. Incremental vision-based topological SLAM:IEEE/RSJ International Conference on Intelligent Robots and Systems[C]. IEEE,2008.

[41] Rangel J C,Martã-Nez-Gã³mez J,Garcã-a-Varea I,et al. LexToMap:lexical-based topological mapping [J]. Advanced Robotics,2016,31(5):268-281.

[42] Mann R,Freeman R,Osborne M,et al. Objectively identifying landmark use and predicting flight trajectories of the homing pigeon using Gaussian processes[J]. 2011,8(55):210-219.

[43] Lehrer M,Bianco G. The turn-back-and-look behaviour:bee versus robot[J]. Biological Cybernetics, 2000,83(3):211-229.

[44] Chatila R,Laumond J P. Position referencing and consistent world modeling for mobile robots:IEEE International Conference on Robotics and Automation[C]. IEEE,2003.

[45] Smith R, Self M, Cheeseman P. A stochastic map for uncertain spatial relationships:The 4-th International Symposium on Robotics Research[C]. MIT Press Cambridge,MA,USA,1988.

[46] Brooks R. Visual map making for a mobile robot:IEEE International Conference on Robotics and Automation[C]. IEEE,2003.

[47] Lowry S,Sünderhauf N,Newman P,et al. Visual place recognition:A survey[J]. IEEE Transactions on Robotics,2016,32(1):1-19.

[48] Oliva A,Torralba A. Modeling the Shape of the Scene:A Holistic Representation of the Spatial Envelope [J]. International Journal of Computer Vision,2001,42(3):145-175.

[49] Badino H,Huber D,Kanade T. Real-time topometric localization:IEEE International Conference on Robotics and Automation[C]. IEEE,2012.

[50] Ulrich I, Nourbakhsh I. Appearance - based place recognition for topological localization: IEEE International Conference on Robotics and Automation[C]. IEEE,2002.

[51] Bay H,Tuytelaars T,Van Gool L. Surf:Speeded up robust features:European conference on computer vision[C]. Springer,2006.

[52] Christopher G. Harris M S. A combined corner and edge detector:Alvey vision conference[C]. Alvey Vision Conference,1988.

[53] Sunderhauf N,Shirazi S,Dayoub F,et al. On the performance of ConvNet features for place recognition [J]. 2015:4297-4304.

[54] Chen Z,Lam O,Jacobson A,et al. Convolutional Neural Network-based Place Recognition:Australasian Conference on Robotics and Automation[C]. Australian Robotics and Automation Associate Inc,2014.

[55] Chen Z,Jacobson A,Sünderhauf N,et al. Deep learning features at scale for visual place recognition: IEEE International Conference on Robotics and Automation[C]. IEEE,2017.

[56] Cummins M,Newman P. FAB-MAP:Probabilistic Localization and Mapping in the Space of Appearance [M]. Sage Publications,Inc. ,2008.

[57] Cummins M,Newman P M. Appearance-only SLAM at large scale with FAB-MAP 2. 0[J]. International Journal of Robotics Research,2011,30(9):1100-1123.

[58] Milford M J,Wyeth G F. SeqSLAM:Visual route-based navigation for sunny summer days and stormy winter nights:IEEE International Conference on Robotics and Automation[C]. IEEE,2012.

[59] Mount J,Milford M. 2D visual place recognition for domestic service robots at night:IEEE International Conference on Robotics and Automation[C]. IEEE,2016.

[60] Burak Y,Fiete I R. Accurate Path Integration in Continuous Attractor Network Models of Grid Cells[J]. Plos Computational Biology,2009,5(2):e1000291.

[61] Welinder P E,Burak Y,Fiete I R. Grid cells:The position code,neural network models of activity,and the problem of learning[J]. Hippocampus,2008,18(12):1283-1300.

[62] Chen Z,Jacobson A,Erdem U M,et al. Towards Bio-inspired Place Recognition over Multiple Spatial Scales:Australasian Conference on Robotics and Automation[C]. Australian Robotics and Automation Associate Inc,2013.

[63] Chen Z,Lowry S,Jacobson A,et al. Bio-inspired homogeneous multi-scale place recognition[J]. Neural Networks,2015,72:48-61.

[64] Fan C,Chen Z,Jacobson A,et al. Biologically-inspired visual place recognition with adaptive multiple scales[J]. Robotics and Autonomous Systems,2017,96:224-237.

[65] Wehner R,Duelli P. The spatial orientation of desert ants,Cataglyphis bicolor,before sunrise and after sunset[J]. Cellular & Molecular Life Sciences Cmls,1971,27(11):1364-1366.

[66] Müller M,Wehner R. Path integration in desert ants,Cataglyphis fortis[J]. Proceedings of the National Academy of Sciences of the United States of America,1988,85(14):5287-5290.

[67] Rossel S,Wehner R. How bees analyse the polarization patterns in the sky[J]. Journal of Comparative Physiology A,1984,154(5):607-615.

[68] Goddard S M,Jr R B F. The role of the underwater polarized light pattern,in sun compass navigation of the grass shrimp,Palaemonetes vulgaris[J]. Journal of Comparative Physiology A,1991,169(4):479-491.

[69] Shashar N,Johnsen S,Lerner A,et al. Underwater linear polarization:physical limitations to biological functions[J]. Philosophical Transactions of the Royal Society of London,2011,366(1565):649-654.

[70] Horváth H G,Varjú D. Polarized Light in Animal Vision[J]. Springer Berlin,2004.

[71] Carcione J M,Robinson E A. On the Acoustic-Electromagnetic Analogy for the Reflection-Refraction Problem[J]. Studia Geophysica Et Geodaetica,2002,46(2):321-346.

[72] 廖延彪. 偏振光学[M]. 北京:科学出版社,2003.

[73] Horváth G,Wehner R. Skylight polarization as perceived by desert ants and measured by video polarimetry[J]. Journal of Comparative Physiology A,1999,184(1):1-7.

[74] Pomozi I,Gál J,Horváth G,et al. Fine structure of the celestial polarization pattern and its temporal change during the total solar eclipse of 11 August 1999[J]. Remote Sensing of Environment,2001,76(2):181-201.

[75] 孙晓兵,洪津,乔延利. 大气散射辐射偏振特性测量研究[J]. 量子电子学报,2005,22(1):111-115.

[76] Horváth G,Pomozi I. How Celestial Polarization Changes due to Reflection from the Deflector Panels Used in Deflector Loft and Mirror Experiments Studying Avian Orientation[J]. Journal of Theoretical Biology,1997,184(3):291-300.

[77] Coulson K L. Polarization and Intensity of Light in the Atmosphere[J]. 1988.

[78] Wehner R. Polarization vision-a uniform sensory capacity? [J]. Journal of Experimental Biology, 2001, 204(14): 2589-2596.

[79] Hild G, Okasha R, Rempp P. Polarization Patterns of the Summer Sky and Its Neutral Points Measured by Full - Sky Imaging Polarimetry in Finnish Lapland North of the Arctic Circle [J]. Proceedings Mathematical Physical & Engineering Sciences, 2001, 457(2010): 1385-1399.

[80] 范晨, 胡小平, 何晓峰, et al. 仿生偏振光导航研究综述: 中国惯性技术学会第七届学术年会论文集[C]. 武汉: 中国惯性技术学会第七届学术年会, 2015.

[81] 范晨, 胡小平, 何晓峰, et al. 惯性辅助偏振光定向方法: 中国惯性技术学会第七届学术年会论文集[C]. 武汉: 中国惯性技术学会第七届学术年会, 2015.

[82] Labhart T, Petzold J, Helbling H. Spatial integration in polarization-sensitive interneurones of crickets: a survey of evidence, mechanisms and benefits[J]. Journal of Experimental Biology, 2001, 204(14): 2423-2430.

[83] Labhart T. Polarization-opponent interneurons in the insect visual system[J]. Nature, 1988, 331(6155): 435-437.

[84] Labhart T. How polarization-sensitive interneurones of crickets perform at low degrees of polarization[J]. Journal of Experimental Biology, 1996, 199(7): 1467.

[85] Lambrinos D, Kobayashi H, Pfeifer R, et al. An Autonomous Agent Navigating with a Polarized Light Compass[J]. Adaptive Behavior, 1997, 6(1): 131-161.

[86] Wolff L B, Mancini T A, Pouliquen P, et al. Liquid crystal polarization camera[J]. IEEE Transactions on Robotics & Automation, 1992, 13(2): 195-203.

[87] Wolff L B, Andreou A G. Polarization camera sensors[J]. Image & Vision Computing, 1995, 13(6): 497-510.

[88] Duparré J, Dannberg P, Schreiber P, et al. Thin compound-eye camera[J]. Applied Optics, 2005, 44(15): 2949.

[89] Sarkar M, Theuwissen A. A Biologically Inspired CMOS Image Sensor[J]. Studies in Computational Intelligence, 2013, 461.

[90] Sarkar M, Bello D S S, Hoof C V, et al. Biologically Inspired CMOS Image Sensor for Fast Motion and Polarization Detection[J]. IEEE Sensors Journal, 2013, 13(3): 1065-1073.

[91] Zhang W, Cao Y, Zhang X, et al. Sky light polarization detection with linear polarizer triplet in light field camera inspired by insect vision[J]. Appl Opt, 2015, 54(30): 8962-8970.

[92] Fan C, Hu X, Lian J, et al. Design and Calibration of a Novel Camera-Based Bio-Inspired Polarization Navigation Sensor[J]. IEEE Sensors Journal, 2016, 16(10): 3640-3648.

[93] Chu J, Zhao K, Zhang Q, et al. Design of a Novel Polarization Sensor for Navigation: 2007 International Conference on Mechatronics and Automation[C]. IEEE, 2007.

[94] Chahl J, Mizutani A. Biomimetic Attitude and Orientation Sensors[J]. IEEE Sensors Journal, 2012, 12(2): 289-297.

[95] Martínpalma R J. Integration and flight test of a biomimetic heading sensor[J]. Proceedings of SPIE - The International Society for Optical Engineering, 2013, 8686(1): 28-28.

[96] Lu H, Zhao K, You Z, et al. Angle algorithm based on Hough transform for imaging polarization navigation

sensor[J]. Optics Express,2015,23(6):7248-7262.

[97] Tang J,Zhang N,Li D,et al. Novel robust skylight compass method based on full-sky polarization imaging under harsh conditions[J]. Optics Express,2016,24(14):15834.

[98] Zhang W,Cao Y,Zhang X,et al. Angle of sky light polarization derived from digital images of the sky under various conditions[J]. Applied Optics,2017,56(3):587-595.

[99] 赵开春. 仿生偏振导航传感器原理样机与性能测试研究[D]. 大连:大连理工大学,2008.

[100] Chu J,Zhao K,Wang T,et al. Research on a Novel Polarization Sensor for Navigation:2007 International Conference on Information Acquisition[C]. IEEE,2007.

[101] Zhao K,Chu J,Wang T,et al. A Novel Angle Algorithm of Polarization Sensor for Navigation[J]. IEEE Transactions on Instrumentation & Measurement,2009,58(8):2791-2796.

[102] 范之国,高隽,魏靖敏,et al. 仿沙蚁 POL-神经元的偏振信息检测方法的研究[J]. 仪器仪表学报,2008,29(4):745-749.

[103] 高隽. 仿生偏振光导航方法[M]. 科学出版社,2014.

[104] 丁宇凯,唐军,王飞,et al. 仿生复眼光学偏振传感器及其大气偏振 E 矢量检测应用[J]. 传感技术学报,2013,(12):1644-1648.

[105] 刘俊,唐军,申冲. 大气偏振光导航技术[J]. 导航定位与授时,2015,2(2):1-6.

[106] 王晨光,唐军,杨江涛,et al. 仿生偏振光检测系统的设计与实现[J]. 半导体光电,2016,37(2):260-265.

[107] 李明明,卢鸿谦,王振凯,et al. 基于偏振光及重力的辅助定姿方法研究[J]. 宇航学报,2012,33(8):1087-1095.

[108] 卢鸿谦,黄显林,尹航. 三维空间中的偏振光导航方法[J]. 光学技术,2007,33(3):94-97.

[109] 周军,刘莹莹. 基于自然偏振光的自主导航新方法研究进展[J]. 宇航学报,2009,30(2):409-414.

[110] 晏磊,关桂霞,陈家斌,et al. 基于天空偏振光分布模式的仿生导航定向机理初探[J]. 北京大学学报(自然科学版),2009,45(4):616-620.

[111] 江云秋,高晓颖,蒋彭龙. 基于偏振光的导航技术研究[J]. 现代防御技术,2011,39(3):67-70.

[112] Xian Z,Hu X,Lian J,et al. A novel angle computation and calibration algorithm of bio-inspired skylight polarization navigation sensor[J]. Sensors,2014,14(9):17068-17088.

[113] Wang Y,Hu X,Lian J,et al. Geometric calibration algorithm of polarization camera using planar patterns [J]. Journal of Shanghai Jiaotong University (Science),2017,22(1):55-59.

[114] Ma T,Hu X,Lian J,et al. Compass information extracted from a polarization sensor using a least-squares algorithm[J]. Applied Optics,2014,53(29):6735-6741.

[115] Fan C,Hu X,He X,et al. Integrated Polarized Skylight Sensor and MIMU with a Metric Map for Urban Ground Navigation[J]. IEEE Sensors Journal,2017,18(4):1714-1722.

[116] 王玉杰,胡小平,练军想,et al. 仿生偏振光定向算法及误差分析[J]. 宇航学报,2015,36(2):211-216.

[117] Wang Y,Hu X,Lian J,et al. Bionic Orientation and Visual Enhancement with a Novel Polarization Camera[J]. IEEE Sensors Journal,2017,17(5):1316-1324.

[118] 范晨,胡小平,何晓峰,et al. 天空偏振模式对仿生偏振光定向的影响及实验[J]. 光学精密工程,2015,23(9):2429-2437.

[119] Wang Y, Hu X, Lian J, et al. Design of a Device for Sky Light Polarization Measurements[J]. Sensors, 2014,14(8):14916–14931.

[120] Ma T, Hu X, Zhang L, et al. An evaluation of skylight polarization patterns for navigation[J]. Sensors, 2015,15(3):5895–5913.

[121] Barry C, Ginzberg L L, O'keefe J, et al. Grid cell firing patterns signal environmental novelty by expansion[J]. Proceedings of the National Academy of Sciences of the United States of America,2012, 109(43):17687–17692.

[122] Wiltschko W, Wiltschko R. Global navigation in migratory birds: tracks, strategies, and interactions between mechanisms[J]. Current Opinion in Neurobiology,2012,22(2):328–335.

[123] Luschi P. Long-Distance Animal Migrations in the Oceanic Environment: Orientation and Navigation Correlates[J]. Isrn Zoology,2013,2013(3).

[124] Paul R, Newman P. Self-help: Seeking out perplexing images for ever improving topological mapping[J]. International Journal of Robotics Research,2013,32(14):1742–1766.

[125] Bairlein F. Mysterious Travelers Revisited[J]. Science,2013,341(6150):1065–1066.

[126] Merlin C, Heinze S, Reppert S M. Unraveling navigational strategies in migratory insects[J]. Current Opinion in Neurobiology,2012,22(2):353–361.

[127] Lever C, Burton S, Jeewajee A, et al. Boundary Vector Cells in the subiculum of the hippocampal formation[J]. Journal of Neuroscience the Official Journal of the Society for Neuroscience,2009,29(31): 9771–9777.

[128] Fyhn M, Hafting T, Witter M P, et al. Grid cells in mice[J]. Hippocampus,2008,18(12):1230–1238.

[129] Remolina E, Kuipers B. Towards a general theory of topological maps[J]. Artificial Intelligence,2004, 152(1):47–104.

[130] Dedeoglu G, Mataric M J, Sukhatme G S. Incremental online topological map building with a mobile robot: SPIE Conference on Mobile Robots XIV[C]. SPIE,1999.

[131] Kuipers B, Byun Y-T. A robot exploration and mapping strategy based on a semantic hierarchy of spatial representations[J]. Robotics and autonomous systems,1991,8(1–2):47–63.

[132] Badino H, Huber D, Kanade T. Visual topometric localization: IEEE Conference on Intelligent Vehicles Symposium (IV)[C]. IEEE,2011.

[133] Dayoub F, Cielniak T G. A Sparse Hybrid Map for Vision-Guided Mobile Robots: In 5th European Conference on Mobile Robots[C]. European Conference on Mobile Robots-ecmr,2011.

[134] Booij O, Zivkovic Z, Krose B. Sampling in image space for vision based SLAM: Robotics: Science and Systems Conference[C]. Transregional Collaborative Research Center Spatial Cognition: Reasoning, Action, Interaction,2008.

[135] Bush D, Barry C, Burgess N. What do grid cells contribute to place cell firing? [J]. Trends in Neurosciences,2014,37(3):136–145.

[136] Fyhn M, Molden S, Witter M P, et al. Spatial representation in the entorhinal cortex[J]. Science,2004, 305(5688):1258–1264.

[137] Burgess N, Barry C, O'keefe J. An oscillatory interference model of grid cell firing[J]. Hippocampus, 2007,17(9):801–812.

[138] Hasselmo M E, Giocomo L M, Zilli E A. Grid cell firing may arise from interference of theta frequency

membrane potential oscillations in single neurons[J]. Hippocampus,2007,17(12):1252-1271.

[139] Blair H T, Welday A C, Zhang K. Scale-invariant memory representations emerge from moire interference between grid fields that produce theta oscillations:a computational model[J]. Journal of Neuroscience,2007,27(12):3211-3229.

[140] Mcnaughton B L,Battaglia F P,Jensen O,et al. Path integration and the neural basis of the 'cognitive map'[J]. Nature Reviews Neuroscience,2006,7(8):663-678.

[141] Monaco J D, Abbott L F. Modular realignment of entorhinal grid cell activity as a basis for hippocampal remapping[J]. Journal of Neuroscience the Official Journal of the Society for Neuroscience,2011,31 (25):9414.

[142] Alonso A,Llinás R R. Subthreshold Na+-dependent theta-like rhythmicity in stellate cells of entorhinal cortex layer Ⅱ[J]. Nature,1989,342(6246):175-177.

[143] Alonso A,Klink R. Differential electroresponsiveness of stellate and pyramidal-like cells of medial entorhinal cortex layer Ⅱ[J]. Journal of neurophysiology,1993,70(1):128-143.

[144] Foody G M,Mathur A. A relative evaluation of multiclass image classification by support vector machines [J]. IEEE Transactions on geoscience and remote sensing,2004,42(6):1335-1343.

[145] Benediktsson J A,Swain P H,Ersoy O K. Neural network approaches versus statistical methods in classification of multisource remote sensing data[J]. IEEE Transactions on Geoscience and Remote Sensing, 1990,28(4):540-552.

[146] Frank H. Fuzzy cluster analysis:methods for classification,Data analysis and image recognition[M]. USA:John Wiley & Sons,1999.

[147] 刘建业,曾庆化,赵伟,et al. 导航系统理论与应用[M]. 西安:西北工业大学出版社.2010.

[148] Dunn J C. A Fuzzy Relative of the ISODATA Process and Its Use in Detecting Compact Well-Separated Clusters[J]. Journal of Cybernetics,1974,3(3):32-57.

[149] Chiu S L. Fuzzy model identification based on cluster estimation[J]. Journal of Intelligent & Fuzzy Systems,1994,2:267-278.

[150] Bezdek J C. Pattern recognition with fuzzy objective function algorithms[M]. USA:Springer,1981.

[151] Xu R,Ii D C W. Survey of clustering algorithms[J]. IEEE Transactions on Neural Networks,2005,16 (3):645-678.

[152] 孙即祥. 现代模式识别[M]. 长沙:国防科技大学出版社,2002.

[153] Milford M. Vision-based place recognition:how low can you go? [J]. The International Journal of Robotics Research,2013,32(7):766-789.

[154] Cummins M,Newman P. Highly scalable appearance-only SLAM-FAB-MAP 2.0:Robotics:Science and Systems[C]. The MIT Press,2010.

[155] Biederman I. Aspects and extensions of a theory of human image understanding[J]. Computational processes in human vision:An interdisciplinary perspective,1988:370-428.

[156] Lowe D G. Distinctive image features from scale-invariant keypoints[J]. International journal of computer vision,2004,60(2):91-110.

[157] Weinberger K Q,Saul L K. Distance Metric Learning for Large Margin Nearest Neighbor Classification [J]. Journal of Machine Learning Research,2009,10(1):207-244.

[158] Fischler M A,Bolles R C. Random sample consensus:a paradigm for model fitting with applications to

image analysis and automated cartography[M]. USA:Morgan Kaufmann,1987.

[159] Lepetit V,Moreno-Noguer F,Fua P. EPnP:An Accurate O(n) Solution to the PnP Problem[J]. International Journal of Computer Vision,2009,81(2):155-166.

[160] Jollife I T. Pricipal Component Analysis[J]. Chemometrics and Intelligent Laboratory Systems,1986,2(1-3):37-52.

[161] Collett M,Collett T S,Bisch S,et al. Local and global vectors in desert ant navigation[J]. Nature,1998,394(6690):269-272.

[162] Wehner R. Desert ant navigation:how miniature brains solve complex tasks[J]. J Comp Physiol A Neuroethol Sens Neural Behav Physiol,2003,189(8):579-588.

[163] Corke P,Ridley P,Usher K. A Camera as a Polarized Light Compass:Preliminary Experiments:Australian Conference on Robotics and Automation[C]. Australian Robotics and Automation Associate Inc,2001.

[164] 薛毅. 最优化原理与方法[M]. 北京:北京工业大学出版社,2001.

[165] 袁亚湘,孙文瑜. 最优化理论与方法[M]. 北京:科学出版社,1999.

[166] Golub G H,Van Loan C F. An analysis of the total least squares problem[J]. SIAM journal on numerical analysis,1980,17(6):883-893.

[167] Grena R. An algorithm for the computation of the solar position[J]. Solar Energy,2008,82(5):462-470.

[168] Pomozi I,Horváth G,Wehner R. How the clear-sky angle of polarization pattern continues underneath clouds:full-sky measurements and implications for animal orientation[J]. Journal of Experimental Biology,2001,204(17):2933-2942.

[169] Groves P D. Principles of GNSS, inertial, and multisensor integrated navigation systems[M]. USA:Artech house,2013.

[170] 秦永元,张洪钺,汪叔华. 卡尔曼滤波与组合导航原理[M]. 西安:西北工业大学出版社,2012.

[171] Nistér D,Naroditsky O,Bergen J. Visual odometry:IEEE Computer Society Conference on Computer Vision and Pattern Recognition[C]. IEEE,2004.

[172] Scaramuzza D,Fraundorfer F. Visual Odometry:Part I:The First 30 Years and Fundamentals[J]. IEEE Robotics & Automation Magazine,2011,18(4):80-92.

[173] 李宇波,朱效洲,卢惠民,et al. 视觉里程计技术综述[J]. 计算机应用研究,2012,29(8):2801-2805.

[174] Geiger A,Ziegler J,Stiller C. Stereoscan:Dense 3d reconstruction in real-time:IEEE Intelligent Vehicles Symposium (IV)[C]. IEEE,2011.

[175] Kitt B,Geiger A,Lategahn H. Visual odometry based on stereo image sequences with ransac-based outlier rejection scheme:IEEE Intelligent Vehicles Symposium (IV)[C]. IEEE,2010.

[176] Mur-Artal R,Tardós J D. Orb-slam2:An open-source slam system for monocular, stereo, and rgb-d cameras[J]. IEEE Transactions on Robotics,2017,33(5):1255-1262.

[177] Qin T,Li P,Shen S. Vins-mono:A robust and versatile monocular visual-inertial state estimator[J]. arXiv:170803852,2017.